JN093900

最新

LINE（ライン）&
Instagram（インスタグラム）&
X（エックス）&
TikTok（ティックトック）&
Threads（スレッズ）
ゼロからやさしくわかる本

桑名由美 著

秀和システム

本書の使い方

このSECTIONの目的です。

このSECTIONの機能について、機能の内容や、どんな場合に使えるか、注意するポイントなどを説明しています。

操作の方法を、ステップバイステップで図解しています。

OnePoint：楽しく使うためのポイントや設定、便利な活用法などを説明しています。

Check：安全に使うためのポイントや設定などを説明しています。

はじめに

　SNS（Social Networking Service）は、インターネットを使って他のユーザーとの交流を楽しめるサービスです。また、情報収集のツールとしても欠かせないものとなっており、特に地震や台風などの災害時にはテレビやネットニュースよりも迅速に情報を入手できる場合があり役立ちます。

　SNSといっても、使い方や目的は多種多様です。「美しい写真を共有したい場合」や「思いついたことを気軽につぶやきたい場合」など、それぞれの目的に応じたSNSの選択肢があります。また、最近では企業や店舗がマーケティングツールとしてSNSを活用し、ユーザーとの交流を通して自社ブランドを効果的にアピールしています。用途はさまざまですが、SNSの利用者は増え続けており、その影響力がますます大きくなっているのは明らかです。

　本書は、5つのSNSの操作方法をまとめた解説書です。日常のコミュニケーションに欠かせない「LINE」、幅広い世代に人気の「Instagram」、旧Twitterの「X」について基本操作を学ぶことができます。また、ショート動画をメインとした「TikTok」や2023年7月にリリースされた「Threads」についても解説しました。これからSNSを始めようとする人にも、これまで1つのSNSだけを利用していた人にも活用していただける構成になっています。

　さらに、弁護士の三坂和也先生と井髙将斗先生に「SNSを使うなら知っておきたい著作権のQ&A」を巻末記事としてご執筆いただきました。SNSは自由に投稿できますが、何でも投稿して良いわけではありません。各SNSの規約を守って利用することはもちろん、法律違反をしないことも大事です。特に著作権に関しては理解せずに利用しているユーザーも見受けられるので、ぜひ参考にしてください。

　本書はSNSの操作方法だけでなく、セキュリティ設定や著作権についても学べる1冊となっています。お手元に置いてご活用いただけたら幸いです。

2024年2月
桑名由美

■LINE

身近な友だちと、チャットや
スタンプ、写真などを送り
合ってやり取りする。

■Instagram

こだわりの写真や動画を投
稿。センスの良い画像が多数
アップされている。

■X

気持ちや出来事などをひとこ
とでつぶやく。最新情報を知
ることもできる。

■TikTok

短い動画を投稿するSNS。幅
広い年代に人気拡大中。動画
の加工機能が豊富。

■Threads

Instagramを提供している
Meta社のSNS。Xのように、
主に文字の投稿がメイン。

●著者
桑名 由美（くわな ゆみ）

著書に「YouTube完全マニュ
アル」「TikTok完全マニュア
ル」「LINE完全マニュアル」な
ど多数。2023年8月、合同会
社ワイズベストを設立。

著者ホームページ
https://kuwana.work/

Contents

目　次

Chapter 01 身近な人と気軽にやり取りする LINEをはじめよう

Chapter 02

LINEをもっと使いこなして楽しもう

Chapter **03** こだわりの写真や動画を皆に見てもらえる
Instagramをはじめよう

Chapter
06
人気拡大中！短い動画で個性をアピールできるTikTokを使ってみよう

Chapter
07

Instagramと一緒に
Threadsを使ってみよう

アプリのインストール方法

📱 どのアプリも無料でインストールできる

本書で解説しているアプリは、スマホにインストールして使用します。iPhoneの場合はApp Storeで、Androidの場合はPlayストアで使いたいアプリを検索してインストールします。ここでは、「Instagram」をインストールしますが、他のアプリも同様です。

iPhoneにアプリをインストールする

1 ホーム画面で「App Store」をタップ。

2 「検索」をタップし、検索ボックスをタップ。

3 アプリ名を入力し、「検索」をタップ。

4 アプリが表示されたら「入手」をタップ。

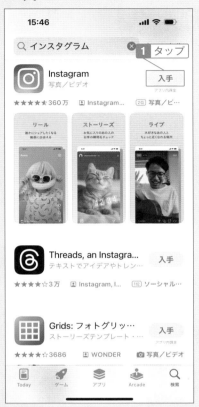

5 「インストール」をタップ。

One Point! Face IDを使用している場合

iPhone11以降で、iTunes StoreもFace IDを使うように設定している場合は、本体のサイドボタンを2回押してください。

6 インストールされた。

Androidにアプリをインストールする

1 ホーム画面で「Playストア」をタップ。

2 検索ボックスをタップ。

3 アプリ名を入力し、表示された候補から目的のアプリをタップ。

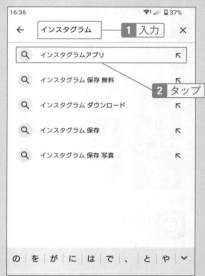

4 アプリが表示されたら「インストール」をタップするとダウンロードが始まる。

Chapter 01

身近な人と気軽にやり取りする
LINEをはじめよう

スマホを使ったコミュニケーションサービスはいろいろあります
が、幅広い年齢層で使われているのがLINEです。これから
LINEを始めようと思っている人や、LINEを始めたけれど使い
方がよくわからないという人のために、本書では一から説明し
ます。また、メッセージのスクショや音声入力なども解説する
ので、使ったことがない人は試してください。

そもそもLINEってどんなアプリ？

📱 **メッセージのやり取りから音声・ビデオ通話、キャッシュレス決済もできる**

今や連絡手段として欠かせないLINEですが、そもそもどのようなアプリなのかをここで説明しましょう。一番使われているのは、メッセージのやり取りをする「トーク機能」ですが、他にもいろいろな機能や関連サービスがあります。

LINEとは

　LINE（ライン）は、友だちや家族と文字や音声でやり取りができるコミュニケーションサービスです。スマホがあれば、いつでもどこでも連絡を取れるので、電話やメールの代替ツールとして若者からシニアまで幅広く利用されています。

　1対1のやり取りだけでなく、学校のクラスやサークル仲間などのグループ単位でのやり取りも可能なので、情報交換ツールとしても最適です。企業や店舗も、LINEを通して新商品やセールの情報、クーポンなどを提供して集客アップを図っています。

■トーク（メッセージのやり取り）

　友だちや家族とメッセージのやり取りができます。1対1だけでなく、グループを作って複数の人と同時にやり取りすることもできるので、クラスメイトやサークル仲間などと情報交換ができます。

■VOOM

　さまざまなジャンルのショート動画や投稿を見られる機能です。VOOMでフォローしたユーザーの投稿が表示され、コメントやリアクションを付けることが可能です。

■無料通話

　登録している友だちや家族と無料で通話することができます。グループ内での一斉通話も可能です。また、テレビ電話のように相手の顔を見ながら通話したり、ミーティングもできます。

■その他

　LINEアプリ上で、ニュースや天気予報などをチェックしたり、スマホ決済サービス「LINEPay」も使えます。さらに、「LINEギフト」や「LINEレシート」「クーポン」など、便利なサービスも豊富にあります。

01

身近な人と気軽にやり取りするLINEをはじめよう

01-02

LINEの利用登録をする

📱 携帯電話番号があれば短時間で登録できる

まだLINEを始めていない人は、利用登録しましょう。手続きする際には、本人確認のために携帯電話番号が必要です。なお、1アカウントにつき1台のスマホと決まっているので、複数のスマホで同じアカウントを使うことはできません。

新規登録をする

1 LINEのアイコンをタップ。

2 「新規登録」をタップ。

3 携帯電話番号を入力し、「→」をタップ。

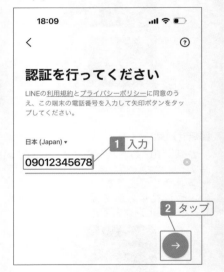

 格安スマホを使っている場合

ドコモやau、ソフトバンクなどの携帯キャリアではなく、格安SIMを使ったスマホの場合、SMS（携帯電話番号を使ったショートメッセージ）対応のSIMカードであれば、コードを受け取れます。SMS対応SIMカードでない場合は、固定電話の番号を入力して音声でコードを受け取ることが可能です。その場合は手順3で固定電話番号を入力し、手順5で「通話による認証」をタップします。

4 SMSで送信する旨のメッセージが表示されたら「送信」(Androidの場合は「OK」)をタップ。

6 「アカウントを新規作成」をタップ。

5 メッセージアプリに届いた認証番号を入力。

7 LINEで使用する名前を入力し、「→」をタップ

8 パスワード（半角の英大文字、英子文字、数字、記号のうち３種の組み合わせで8文字以上）を2回入力し、「→」をタップ。

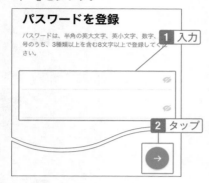

9 「友だち自動追加」と「友だちへの追加を許可」のチェックをはずし、「→」をタップ。「連絡先へのアクセス」のメッセージが表示された場合は「許可しない」をタップ。

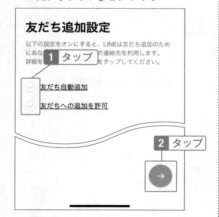

 「友だち自動追加」と「友だちへの追加を許可」

ここでチェックを付けると、携帯電話に登録している人が自動で友だちに追加されます。やり取りをしたくない人ともつながってしまうので、オフにしておきましょう。なお、後で設定を変更することもできます（SECTION02-12、02-13参照）。

10 ここでは「あとで」をタップ。

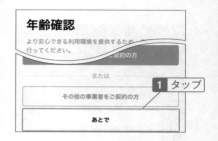

 年齢確認

手順10の年齢確認は、未成年が見知らぬ人との出会いによってトラブルに巻き込まれないようにするためのものです。年齢確認を行わないとIDや電話番号の検索で友だちを追加できませんが、他の方法で友だちを追加できます。ここではスキップしますが、後で本人確認をする場合は、LINEの「ホーム」画面で右上の[歯車]をタップし、「年齢確認」で行ってください。なお、契約している携帯会社によっては年齢確認ができない場合があります。

11 LINEサービス向上の情報利用に協力するか否かを選択。

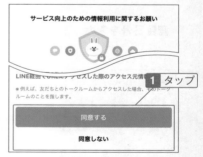

 「サービス向上のための情報利用に関するお願い」とは

LINEの不正利用の防止やサービス改善などに協力するか否かの設定です。同意しなくてもLINEを利用できます。後から変更することもでき、LINEのホーム画面で[歯車]→「プライバシー管理」→「情報の提供」→「コミュニケーション関連情報」で設定します。

12 位置情報とLINE Beaconについて選択し、「OK」をタップ。

13 LINEの画面が表示された。

 位置情報とLINE Beaconの利用とは

手順12の「上記の位置情報の利用に同意する」をオンにすると、「大規模災害時の緊急速報等のお知らせ」や「今いるエリアの天気の変化」が提供されます。「LINE Beaconの利用に同意する」をオンにすると、お店などに設置されたビーコン端末の信号を使って、スマホに情報が提供されます。両方ともオフでもLINEを使うことは可能です。後から変更する場合は、LINEのホーム画面で ⚙️ →「プライバシー管理」→「情報の提供」→「位置情報の取得を許可」と「LINE Beacon」で設定します。

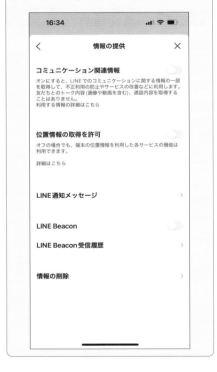

 LINEからログアウトできるの？

LINEにログアウト機能はないので、常にログインした状態になります。もし、長期間LINEを使わず、ログインしていたくない場合には、アプリをアンインストールする他ありません。ただしその際、トーク履歴が削除されるので、SECTION02-17の方法でバックアップを取っておきましょう。

01

身近な人と気軽にやり取りするLINEをはじめよう

SECTION

01-03

LINEの画面構成

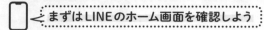
まずはLINEのホーム画面を確認しよう

LINEの画面には、いろいろなボタンやアイコンが表示されています。はじめて開いた人はどこから操作すればよいかわからないかもしれませんが、最初に画面構成をおおまかに把握しておけばスムーズに操作できるようになります。まずはホーム画面を確認してみましょう。

LINEアプリのホーム画面

① **Keep**：自分用に保存したトーク内容や画像、動画、リンクなどを表示する

② **お知らせ**：友だちが追加されたときなどに通知が表示される

③ **友だち追加**：友だちを追加するときに使う

④ プライバシーや通知などの設定をするときに使う

⑤ アイコンを設定するとここに表示される。タップすると自分のホーム画面を表示する

⑥ タップすると、自分のホーム画面が表示される

⑦ **ステータスメッセージ**：ひとことを入力できる

⑧ **BGMを設定**：プロフィール画面に音楽を設定できる

⑨ **検索ボックス**：友だちやグループ、オープンチャットなどを検索するときに使う

⑩ **友だちリスト**：登録している友だちやグループを表示する

⑪ **サービス**：LINE の各種サービスを開く

⑫ **ホーム**：LINEのトップ画面を表示する

⑬ **トーク**：トーク相手の一覧を表示する

⑭ **VOOM**：ショート動画、投稿、ストーリーなどを使うときにタップする

⑮ **ニュース**：ニュース、電車の運行状況、気象情報などを見ることができる

⑯ **ウォレット**：LINE Payやクーポン、ギフト、マイカード、証券などのサービスを使える

SECTION

01-04

プロフィールを設定する

📱 ⌇ アイコンや背景で自分らしさをアピールできる

プロフィール画像は、友だちとやり取りするときに表示されるので、LINE上の顔でもあります。自分の顔でなくても、ペットの写真、風景写真、イラスト何でもかまいません。ただし、仕事関係の人ともやり取りする場合は悪い印象を与えないように気を付けましょう。また、背景画像やひとことも設定できます。

01

身近な人と気軽にやり取りするLINEをはじめよう

プロフィール用の写真を設定する

1 「ホーム」をタップし、名前の部分をタップ。

2 アイコンをタップ。

3 「編集」をタップし、「写真または動画を選択」をタップ。その場で写真を撮る場合は「カメラで撮影」をタップして撮影する。写真へのアクセス許可についての画面が表示された場合は「すべての写真へのアクセスを許可」（Androidの場合は「許可」）をタップ。

25

4 写真を選択。

5 ピンチインとピンチアウトで必要な部分のみを丸で囲む。できたら「次へ」をタップ。

6 右側のボタンで文字を入れたり、フィルターを設定できる。終わったら「完了」をタップ。

7 プロフィール画像を設定した。「×」をタップ。

背景やひとことを設定するには

手順7で背景をタップし、「編集」をタップして、プロフィール画面の背景に画像を設定することも可能です。また、手順7で「ステータスメッセージを入力」をタップして、ひとことを入力することもできます。

01-**05**

友だちを追加する

📱 〟 **LINEでやり取りしたいのなら友だち登録が必要**

LINEでは、メッセージの送受信をする相手のことを「友だち」と言います。親や兄弟、会社
の人も、登録すれば「友だち」です。また、企業や店舗も友だち登録できます。追加方法は複
数ありますが、近くに相手がいるのならQRコードを使うと便利です。

01

身近な人と気軽にやり取りするLINEをはじめよう

QRコードで相手を追加する方法

1 「ホーム」画面で、右上の🔡をタップ。

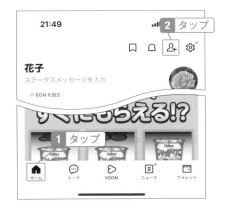

2 「QRコード」をタップ。カメラへの
アクセスについてのメッセージが表
示されたら「OK」をタップ。

3 表示されている白い枠を相手のQR
コードに合わせる。

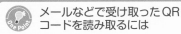

QRコードをスキャンして友だち追加などの機能を利
用できます。

💡 **One Point** **メールなどで受け取ったQR
コードを読み取るには**

メールやSMSのDMなどでQRコードを受
け取った場合は、画像を保存（またはスクリー
ンショット）し、手順3の右下にあるサムネイ
ル画像をタップしてQRコードの画像を選択し
ます。

4 読み込めたら、「追加」をタップ。

太郎

1 タップ

追加　　ブロック　　通報

LINE VOOM投稿 ＞

5 相手の画面の友だちリストに「知り合いかも？」と表示されるのでタップして追加してもらう。

22:28　App Store

友だち追加　　✕

＋　　　　　　器　　　　　　Q
招待　　　　QRコード　　　検索

友だち自動追加　　　　　　　許可する
連絡先を自動で友だち追加します。

グループを作成
友だちとグループを作成します。

1 タップ

新しい知り合いかも？1

花子
QRコードで友だち追加されました

1 「マイQRコード」をタップ。

1 タップ

器 マイQRコード

QRコードをスキャンして友だち追加などの機能を利用できます。

2 自分のQRコードが表示された。友だちに読み取ってもらう。

QRコードやリンクを使って、友だち追加しましょう。

リンクをコピー　　シェア　　保存

↻更新

 QRコードをメールで送るには

メールで送る場合は、手順2の画面にある「シェア」をタップし、メールアプリを選択した画面から送信できます。

01-06

友だちとトークする

📱 ⊰ トークルームでのやり取りは他の人には見えない ⊱

友だち登録したら、メッセージを送ってみましょう。トークルーム内でやり取りするのですが、他の人には見えないので安心してください。メッセージが送られて来ると未読数が表示されます。また、相手がメッセージを読むと「既読」の文字が付くようになっています。

メッセージを送る

1 「ホーム」をタップし、「友だち」をタップ。

2 「友だち」タブをタップし、友だちリストで、トークする相手をタップ。

3 「トーク」をタップ。

トークとは

友だちとメッセージのやり取りをすることをLINEでは「トーク」と言います。トークしたい相手を選んでトークルームの中でメッセージのやり取りをします。

4 トークルームが表示される。ボックスをタップして文字を入力し、▶をタップ。

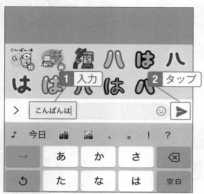

5 メッセージを送った。

メッセージを読む

1 メッセージが送られてくると、「トーク」画面にメッセージの数が表示されるのでタップ。

2 相手からのメッセージは左側に表示される。自分が送ったメッセージには「既読」と表示され相手が読んだことがわかる。

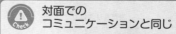

> **Check** 対面での
> コミュニケーションと同じ
>
> LINEでは、知り合いとの1対1のトークが多くなります。相手の顔が見えないと、思ったことを何でも書いてしまいがちになり、意図しないひとことで、相手を傷つけてしまうこともあるかもしれません。日常生活と同じように、面と向かって言えないことは、LINEでも書かないようにしましょう。

スマホで撮影した写真や動画を送る

撮影済みの写真や動画だけでなく、その場で撮影して送ることも可能

文字だけでは伝わりにくいことは写真で送りましょう。送信時に写真に文字を入力したり、手書きしたりもできます。また、動画を送ることも簡単です。受け取った人は、写真や動画をダウンロードすることもできるので、見せるだけでなく、写真を渡したいときにも役立ちます。

写真や動画を送信する

1 トークルームで下部にある 🖼 をタップ。写真へのアクセスのメッセージが表示された場合は「設定」をタップして許可する。その場で撮影する場合は 📷 をタップ。

2 写真が表示されたら 田 をタップ。

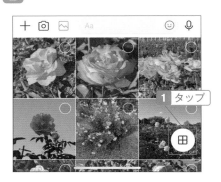

3 送信する写真または動画をタップ。○をタップすれば複数選択することも可能。

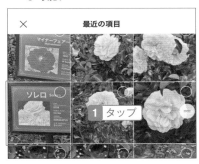

4 🖉 をタップすると手書きを入れることができる。送信するときは ▶ をタップ。

メッセージにリアクションを付ける

📱 ⸌ 返信メッセージを入力する時間がないときに便利 ⸍

LINEのメッセージに「いいね！」「悲しいね」のようにリアクションを付けることができます。特に人数が多いグループでのトークルームでは、「読みました」の印として使えて便利です。もし間違えて別のリアクションを付けたときは、変更や取り消しもできます。

いいねを付ける

1 メッセージを長押し。

3 リアクションを付けた。

2 表情を選んでタップ。

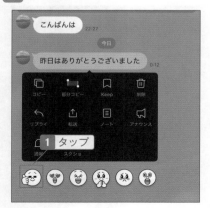

💡One Point リアクションを変更・削除するには

間違えてリアクションを付けた場合は、7 日以内なら変更または削除が可能です。メッセージを長押しし、別のリアクションをタップします。付けたリアクションと同じものをタップすると取り消すことも可能です。

01-09

キーボードを使わずに
スマホに話しかけて入力する

📱 **文字入力が苦手な人には音声入力がおすすめ**

スマホでの入力が苦手という人は、音声入力を試してください。最近の音声入力は精度が高いので、長文を手入力するより速く入力できる場合があります。ただし、スマホの機種によっては対応していない場合もあります。

音声入力する

1 メッセージボックスをタップし、キーボードの「マイク」をタップ。音声入力のメッセージが表示されたら有効にする。

2 内容を話すと文字が入力される。間違えている箇所は修正し、▶ をタップして送信する。

1 修正　2 タップ

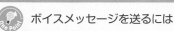

ボイスメッセージを送るには

音声をそのまま送信することもできます。手順1でメッセージボックスの右にある「マイク」ボタンをタップし、「録音」ボタンをタップして話しかけます。途中で止める場合は「停止」ボタンをタップしてください。最後に「送信」ボタンをタップします。

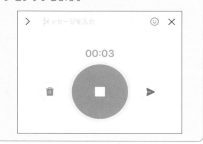

イラストや写真のスタンプで
気持ちを伝える

📱 ╱ **イラストで気持ちを伝えよう。有料と無料があり、種類が豊富**

LINE は、文字でのやり取りだけではありません。「スタンプ」を使って気持ちを伝えることができます。無料で使えるスタンプでも十分ですが、有料の公式スタンプや一般の人が販売しているクリエイターズスタンプもあります。好みに合うものを探してみましょう。

スタンプを送信する

1 トークルームで下部にある顔アイコンをタップ。

2 スタンプの種類をタップ。

3 大きく表示されるので、これでよければ ▶ をタップ。

 LINE スタンプの種類

　LINE のスタンプには、最初から用意されているスタンプの他に、企業やクリエイターが提供しているスタンプがあります。無料と有料のスタンプがあり、無料スタンプの場合は、そのスタンプの企業を友だちとして登録することでダウンロードできます。企業からのメッセージが増えて困るのであれば、スタンプをダウンロードした後にブロックすることもできます (SECTION02-07)。

 スタンプと絵文字の違い

　手順2の画面左下にある 😊 をタップして 🐻 にすると絵文字を入力できます。スタンプは文字とは別に送信しますが、絵文字は文字と一緒に吹き出しの中に入れることができます。

1 「ホーム」をタップし、「スタンプ」を
タップ。

2 「無料」をタップし、使いたいスタン
プをタップ。

LINEスタンプの「無料」スタンプとは

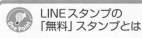

企業や店舗が提供しているスタンプです。友
だち登録すれば無料でダウンロードできます。

3 「友だち追加して無料ダウンロード」
をタップ。

4 「OK」をタップし、「×」をタップ。

メッセージを削除する

📱 ⌇ 自分の画面だけ消す方法と相手の画面からも消す方法がある ⌇

人に見られたら困るメッセージや削除したいメッセージもあるでしょう。また、間違えて別の人に送ってしまうこともあるかもしれません。ここでは、「自分の画面からメッセージを削除する方法」と「送ったメッセージを取り消す方法」を紹介します。

自分の画面のメッセージを削除する

1 トークルームのメッセージを長押しし、「削除」をタップ

2 削除するメッセージにチェックを付けて、下部の「削除」をタップ。メッセージ画面が表示されたら「削除」をタップすると、メッセージが削除される。

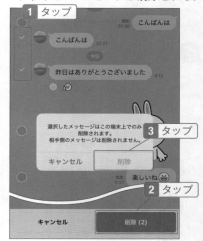

3 メッセージを削除した。

🅟 メッセージの削除

ここでの操作の場合、相手の画面のメッセージは削除されません。相手の画面のメッセージも削除したい場合は、24時間以内なら次のページの「送信取消」で削除できます。なお、トーク内容すべてを削除したい場合は、トークリストで削除する友だちまたはグループを左方向へスワイプ（Androidの場合は長押し）して「削除」をタップします。

送信したメッセージを取り消す

1 メッセージを長押しし、「送信取消」をタップ

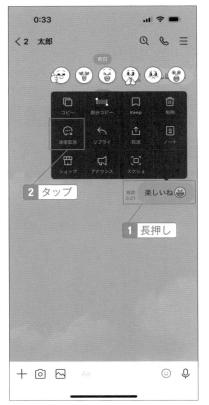

2 タップ

1 長押し

2 「送信取消」をタップ。

友だちが利用中のLINEバージョンによっては、友だちのトークからメッセージが消えないことがあります。送信を取り消しますか？

キャンセル　送信取消

1 タップ

3 送信を取り消すと、「送信を取り消しました」と表示される。

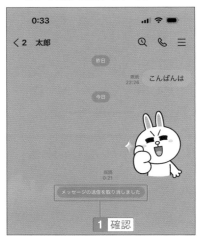

メッセージの送信を取り消しました

1 確認

⚠ 送信取り消しは
相手に気づかれるの？

　間違えて別の人に送ってしまった場合や内容を間違えた場合などには、送信を取り消すことができます。ただし、相手側の通知設定によってはスマホのホーム画面に表示されて内容を読めてしまうこともあります。

　また、相手の画面にも「送信を取り消しました」と表示されるので、取り消したことは気づかれます。何度も取り消していると不審に思われることもあるので、落ち着いて送信するようにしましょう。

身近な人と気軽にやり取りするLINEをはじめよう

01-12

友だちに別の友だちを紹介する

📱 ∝ 友だち追加する方法の中で、最も簡単

SECTION01-05で友だちを追加する方法を説明しましたが、友だちの紹介で追加することもできます。友だち以外にも企業やお店などの公式アカウントをすすめたいときにも使えます。ここでは友だちを紹介する方法と、紹介してもらった友だちを追加する方法を説明します。

LINEの友だちから選択して送信する

1 友だちとのトークルームを表示し、下部の「+」をタップ。

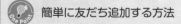

2 「連絡先」をタップ。

3 「LINE友だちから選択」をタップ。

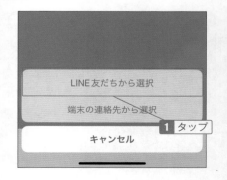

💡 **簡単に友だち追加する方法**

SECTION01-05で友だちの追加方法を説明しましたが、ここでの方法を使うと素早く追加できます。ただし、勝手に友だちに紹介されると困る人もいるので、よく考えてから紹介するようにしましょう。

4 紹介する友だちをタップし、「送信」（Androidの場合は「転送」）をタップ。

5 紹介した。

紹介してもらった友だちを追加する

1 紹介してもらった友だちをタップ。

2 「追加」をタップ。

01-13

複数の人とやり取りする

📱 ⟨ グループに招待された人を自動追加する方法と参加の可否を選べる方法がある

LINEは、1対1のやり取りだけではなく、同時に複数の人とやり取りができるので、友だち同士でおしゃべりしたり、仲間内で意見を出し合ったりができます。後から参加したい人を招待することもできるので、仲間内の意見交換や情報提供などに活用してください。

グループを作成する

1 「トーク」画面の 🔲 をタップ。

2 「グループ」をタップ。

3 グループに入れる人をタップし、「次へ」をタップ。

4 グループ名を入力し、グループに参加するか否かを選択してもらう場合は「友だちをグループに自動で追加」のチェックをはずす。「作成」をタップ。

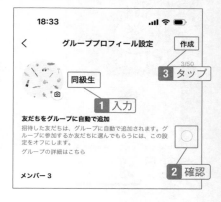

友だちをグループに追加する

1 グループのトーク画面で右上の ≡ をタップ。

2 「招待」をタップ。

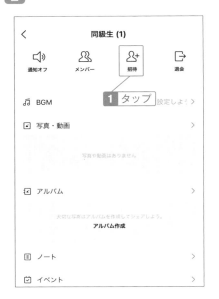

3 グループに入れたい人をタップし、 「招待」をタップ。

グループに参加するには

前ページの手順4でチェックを付けない場合、下部の「トーク」をタップするとグループが表示されるのでタップして「参加」または「拒否」をタップします。

グループを退会・削除するには

グループから抜けたい場合は、トークルーム右上の ≡ をタップして「退会」をタップします。再参加する場合は招待してもらってください。グループに参加者が誰もいなくなるとグループは削除されます。

トーク画面からグループを作成する

友だちのトーク画面右上の ≡ をタップし、「招待」をタップした画面からグループを作成することも可能です。この方法は、以前は複数人トークという別の機能でしたが、現在はグループとして使えます。

01
身近な人と気軽にやり取りするLINEをはじめよう

01-14

メッセージを画像にして送る

📱 文字と写真を含めた一連のやり取りを1つの画像にして送れる

LINEでやり取りした内容を伝えたいとき、文章をコピーして貼り付けるよりも、その画面を画像として送った方が簡単です。通常のスクリーンショットでは画面に表示している部分のみですが、ここで紹介する方法なら会話の一部始終を画像にできます。

トークスクショを使う

1 画像にしたいメッセージを長押しし、「スクショ」をタップ。

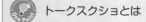

One Point トークスクショとは

スマホの画面を画像にできるスクリーンショットでは、画面に表示されている部分のみとなりますが、トークスクショを使うと画面に収まっていない部分も画像にできます。

2 先頭のメッセージが明るくなった。

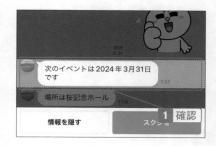

3 最終のメッセージをタップ。画像にする部分が明るくなっていることを確認し、「スクショ」をタップ。

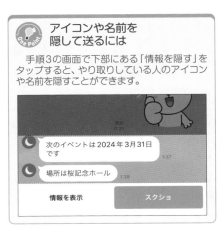

アイコンや名前を隠して送るには

手順3の画面で下部にある「情報を隠す」をタップすると、やり取りしている人のアイコンや名前を隠すことができます。

4 ⬆ (Androidは ↗) をタップ。スマホに保存する場合は右下の ↓ をタップ。

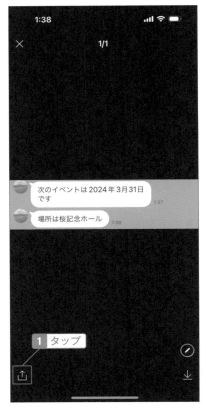

5 友だちやグループを選択し、「転送」をタップ。

6 メッセージを画像として送信した。

アルバムで友だちと写真を共有する

トークの写真を残しておきたいならアルバムに入れよう

トークで送信した写真は、一定期間が過ぎると削除されます。そのため、以前送った写真を再度見たいときに表示されず困ることがあります。そこで、大事な写真はアルバムに保存しておきましょう。そうすればいつでも見ることができます。

アルバムを作成する

1 トークルーム右上の ☰ をタップ。

2 「アルバム」をタップ。

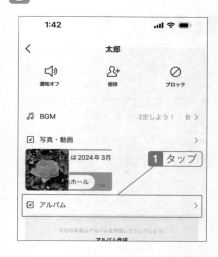

3 右下の「+」をタップ。

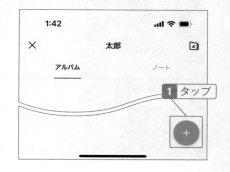

アルバムとは

One Point

アルバムとは、友だちやグループで写真を共有したいときに、写真を保管しておくフォルダーのようなものです。1つのトークに最大100個のアルバムを作成でき、1つのアルバムには1000枚までの写真を登録できます。

4 アルバムに入れる写真の○をタップ
し、「次へ」をタップ。

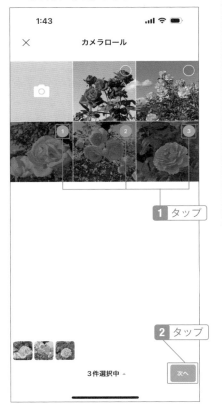

5 アルバム名を入力し、「作成」をタップ。

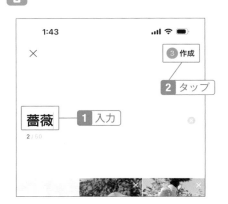

6 作成したアルバムをタップ。

7 アルバム内の写真が表示される。右
下の「＋」をタップして写真を追加で
きる。

> **One Point**
> ### アルバムの写真や
> ### アルバム自体を削除するには
>
> 手順7の画面で削除したい写真をタップし、
> 右上にある ⋮ をタップして「コンテンツを削
> 除」をタップします。アルバム自体を削除する
> 場合は、手順6の画面でアルバムの右下にある
> ⋯ をタップし、「アルバムを削除」をタップし
> ます。

01-16

メッセージや動画をノートに保存して共有する

📱 ⟨ **大事なメッセージや動画をノートに保存。特にグループトークで役立つ**

SECTION01-15では、写真を保存するアルバムを紹介しましたが、トークでやり取りしたメッセージや動画、スタンプ、位置情報などを保存したい場合はノートを使います。途中からグループに参加した人は、ノートを見ればよいのでわざわざ送ってもらう必要がありません。

メッセージをノートに投稿する

1 トークルーム右上の ☰ をタップし、「ノート」をタップ。

2 「+」をタップ。

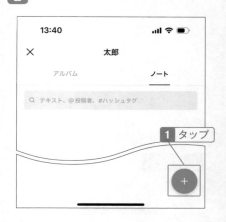

3 「投稿」をタップ。

🔵 ノートとは

メッセージや写真、動画、スタンプ、URLリンクなどを保存してトーク相手と共有できる機能です。特に、複数人のグループトークの場合は、メッセージが埋もれてしまうことがよくあるので、大事な情報をノートに保存しておくと便利です。容量は無制限ですが1つの投稿につき、写真や動画は20個までです。なお、動画は5分までです。

4 文字を入力し、「投稿」をタップ。

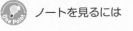

1 入力

2 タップ

投稿

01

身近な人と気軽にやり取りするLINEをはじめよう

ノートを見るには

トークルームの ≡ をタップし、「ノート」を
タップすると、一覧で表示されるので、タップ
して開くことができます。

トークルームのメッセージをノートに保存する

1 メッセージを長押しし、「ノート」を
タップ。

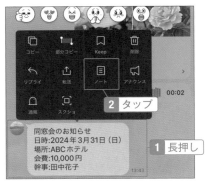

2 タップ

1 長押し

2 ノートに投稿するメッセージを選択
し、「ノート」をタップ。

1 タップ

2 タップ

3 「投稿」をタップ。

1 タップ

投稿

01-17

写真やファイルをKeepに保存する

📱 ⚡ 自分用に保存するならKeep。1GBのストレージとして使える

前のSECTIONの「ノート」は、トークルーム内の他の人も見ることができます。自分だけのデータとして保存しておきたいときには「Keep」を使います。ここでは、トークルームで受信したデータを保存する方法と「Keepメモ」のトークルームから送る方法を紹介します。

メッセージをKeepする

1 メッセージや画像を長押しし、「Keep」をタップ。

2 保存したいメッセージや画像をタップし、「保存」（Androidの場合は「Keep」）をタップ。

🔍 One Point　Keepとは

トークルームのやり取りで、メッセージや写真、PDFファイルなどを保存できる機能です。ノートは、参加者全員が見られますが、Keepは自分のLINEに保存されるので、他の人に見られることがありません。

🔍 One Point　Keepに保存できる容量

Keepに保存できる容量は1GBまでで、動画の場合は最大5分、テキストは最大10,000文字です。保存期間は無制限（1ファイルが50MBを超える場合にのみ保存期間が30日間）です。Keepの残容量を知りたい場合は、「ホーム」画面で右上の⚙️→「Keep」→「Keepストレージ」で確認できます。

Keepしたメッセージや画像を見る

1 「ホーム」をタップし、「Keep」ボタンをタップ。

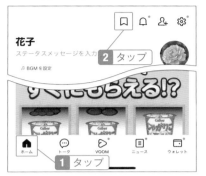

2 保存したメッセージや画像の一覧が表示され、タブで分類されている。右下の「+」をタップして追加も可能。

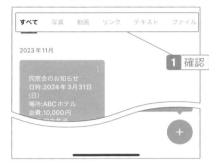

Keepメモのトークで保存する

1 下部の「トーク」をタップし「Keepメモ」をタップ。

2 保存したいメッセージや写真動画などを送信するとKeepに保存される。

Keepに保存したメッセージを削除するには

Keepに保存したメッセージや写真の右上にある ▤ をタップして「削除」をタップします。その後、表示されたメッセージの「削除」をタップすると削除できます。なお、「Keepメモ」トークルームのメッセージや写真を削除するとKeepからも削除されるので注意してください。

01-18

音声通話やビデオ通話を使う

📱 ＜ **ハンズフリーや不在着信機能があり、テレビ電話のようにも使える**

スマホの電話を使わなくても、LINEに登録している友だちと無料で音声通話をすることができます。また、テレビ電話のように相手の顔を見ながら通話することも可能です。通話できないときには「拒否」をタップしておけば、トーク画面の履歴からかけ直すことができます。

音声通話を開始する

1 「ホーム」の「友だち」をタップし、「友だちリスト」の通話したい友だちをタップ。

2 「音声通話」をタップし、「開始」をタップ。初めて利用するときはマイクや電話へのアクセス許可のメッセージが表示されるので許可する。

🔦 One Point　トーク中の相手と通話するには

トークルームの右上にある受話器のアイコンをタップして「音声通話」をタップすると発信できます。

3 発信される。

応答する

1 相手からかかってきたときは ✓ を
タップ。車の運転中など通話できな
いときは ✕ （Androidの場合は「応
答」と「拒否」）をタップする。

2 🔊 をタップするとスマホを持たずに
机の上に置くなどして通話できる。
保留にするときは 🎤 をタップする
と相手にこちらの音は伝わらない。
終わりにするときは ✕ をタップ。

> ### 応答できないときは
>
> 応答できなかった場合は、トークルームに
> 「不在着信」と表示されます。かけ直すときは、
> 「不在着信」をタップして、「音声通話」をタップ
> すれば発信できます。

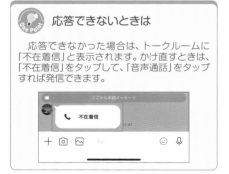

ビデオ通話を開始する

1 「友だちリスト」で通話したい友だち
をタップし、「ビデオ通話」をタップ
して「開始」をタップ。

2 発信され、相手が出ると相手の顔が映
し出され通話できる。右上の 📷 をタッ
プするとアウトカメラに変えられ、下
部の「フィルター」で色調を調整でき
る。終わりにするときは ✕ をタップ。

01

身近な人と気軽にやり取りするLINEをはじめよう

51

通知音を鳴らさずにメッセージを送る

📱 ⋯⋰ 夜中にLINEするときに役立つ機能 ⋱⋯

LINEの通知をオンにしていると、メッセージが届くたびに通知音が鳴ります。そのため、夜中や仕事中などに送信すると、相手に迷惑をかける場合があります。そのようなときは、通知音を鳴らさずに送信しましょう。

ミュートメッセージを送る

1 「送信」ボタンを長押し。

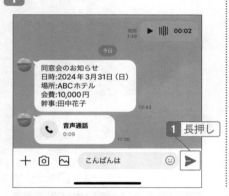

2 「ミュートメッセージ」をタップ。

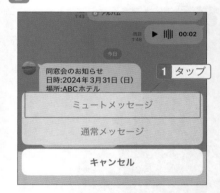

🔍 ミュートメッセージとは

相手の通知音を鳴らさずにメッセージを送れる機能です。執筆時点では「LINEラボ」という試験的な機能なので有効にする必要があります。ホーム画面右上の ⚙ →「LINEラボ」→「ミュートメッセージ」をオン（緑色）にしてください。

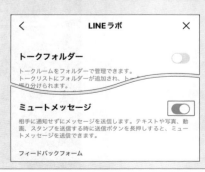

LINEをもっと使いこなして 楽しもう

LINEは、トークでの会話だけではありません。同じ趣味を持っている仲間と交流できる「オープンチャット」、ビデオ会議ができる「LINEミーティング」、ショート動画を楽しめる「VOOM」など、いろいろな機能があります。このChapterでワンランク上の機能を紹介するので、是非活用してください。また、安心して使うための設定やLINEを使いやすくするための設定についても説明します。

02-01

VOOMの投稿を見る

📱 **LINEでもTikTokのようなショート動画を楽しめる**

TikTokやYouTubeでショート動画が人気ですが、LINEでもVOOMというショート動画があります。トークの友だちとは別に、他のユーザーをフォローしたり、いいねやコメントを付けて楽しめる機能です。まずはおすすめ動画を視聴してみましょう。

VOOMを表示する

1 「VOOM」をタップ。「おすすめ」をタップするとおすすめの投稿が表示される。

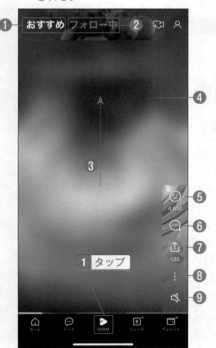

1 タップ

① おすすめの投稿が表示される

② フォローしている人の投稿が表示される

③ 上方向にスワイプすると次の動画が表示される

④ タップすると停止する

⑤ タップまたは長押ししてリアクションを付けられる

⑥ コメントを付けられる

⑦ 友だちや他のアプリに送って共有できる

⑧ 興味のない投稿を非表示にできる。また問題のある投稿を通報できる

⑨ タップすると音声が流れる

 VOOMとは

LINE VOOM（ラインブーム）は、従来のタイムラインをリニューアルしたもので、さまざまなジャンルの動画または写真を見られる機能のことです。従来のタイムラインは、登録している友だちの投稿が表示されましたが、VOOMでは、フォローしたユーザーの投稿が表示されます。トークの友だちとVOOMのフォローは別物なので、VOOMでフォローしたユーザーがトークの友だちになるわけではありません。

フォローする

 「フォロー」をタップ。

 フォローした。「フォロー中」をタップすると解除できる。

友だち登録している人をフォローするには

トークでやり取りしている友だちのVOOMを見たいときには、友だちのプロフィールアイコンをタップし、プロフィール画面下部の「LINE VOOM投稿」をタップし、「フォロー」をタップします。

フォローしている人の投稿を見る

 「フォロー中」をタップすると、フォローしている人の投稿が表示される。

 フォローを解除する場合は、🔢 をタップし「○○のフォローを解除」をタップ。次の画面で「解除」をタップ。

広告が表示される

VOOMでは、広告が表示されます。見たくない広告が表示されたら、🔢 をタップし、「この広告を非表示」をタップし、次の画面で理由をタップします。

02-**02**

VOOMに投稿する

📱 ✂ ショート動画を投稿してフォロワーを増やそう ┊

動画を見るだけでなく、投稿もしてみましょう。今見ている景色、今食べているスイーツ、何でも投稿できます。おすすめに紹介されたい場合は、動画を投稿しましょう。その場で撮影することも、過去に撮影した動画を投稿することもできます。

ショートに動画を投稿する

1 VOOM画面の「フォロー中」をタップし、「＋」をタップして「動画」をタップ。

2 撮影画面が表示される。先に音楽を追加する場合は「サウンドを追加」をタップして設定する。

3 「撮影」ボタンをタップして撮影する。1分まで撮影するか途中で「次へ」をタップ。

4 右側のボタンで音楽やスタンプを追加する。「次へ」をタップ。

5 説明を入力し、「投稿」をタップ。

写真やテキストも投稿できる

手順1で「写真・テキスト」をタップすると、写真を投稿したり、文章のみの投稿が可能です。

特定の人だけに投稿を見せる

1 投稿画面で、「全体公開」をタップし、「公開リスト」をタップ。

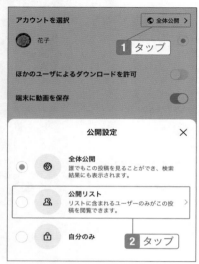

2 「新規リスト」をタップ。

One Point 公開設定

公開設定が「全体公開」になっていると、友だちを含め、誰でも見ることができます。特定の人だけに見せる場合は、リストを作成し、フォローまたはフォロワーから選択します。次回同じメンバーに見せる場合はリスト名を指定するだけで済みます。

3 投稿を見せたい友だちにチェックを付けて「次へ」をタップ。

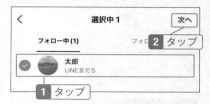

4 わかりやすい名前でリスト名を入力し、「保存」をタップ。

5 作成したリストをタップし、「×」（Androidの場合は「＜」）をタップ。公開設定がリスト名になっていることを確認して投稿する。

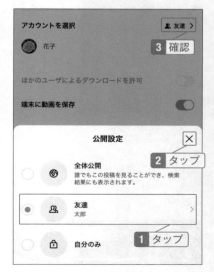

VOOM画面右上の 🔲 をタップ。

自分の投稿を見る方法

ここでのように、VOOMの画面から表示する方法の他に、「ホーム」画面上部の自分の名前をタップしてプロフィール画面を表示し、「LINEVOOM投稿」をタップしても表示できます。

2️⃣ アイコンをタップ。

3️⃣ 自分の投稿が表示される。

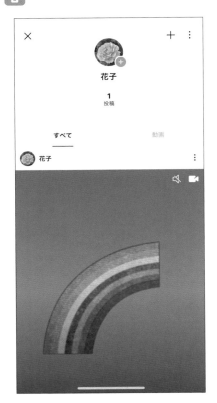

投稿を修正・削除するには

手順3で投稿の右上にある 🔲 をタップし、「編集」をタップして修正できます。公開設定を変更する場合は、「公開設定を変更」をタップします。また、投稿を削除する場合は、「投稿を削除」をタップして、「OK」をタップしてください。

02-03

24時間で消えるストーリーを投稿する

> ストーリーなら、気兼ねなく投稿でき、LINE友だちにも見てもらえる

投稿後24時間経つと自動的に削除されるストーリーは、InstagramやFacebookでおなじみですが、LINEにもあります。通常の投稿をするほどでもない内容を気軽に投稿できるのがメリットです。投稿後はマイストーリーとして保存され、自分だけが見ることができます。

動画を投稿する

1 「VOOM」をタップし、「フォロー中」をタップ。続いて「ストーリー」の「＋」をタップ。

2 写真を使う場合は「写真」、動画の場合は「動画」をタップする。また、右端のサムネイルをタップして撮影済みの写真や動画を使用することも可能。

✦ 友だちのストーリーを見るには

　友だちがストーリーを投稿していれば、友だち一覧のアイコンの周囲や友だちのプロフィール画面に○で囲まれて表示されるのでタップして再生できます。

✦ ストーリーとは

　動画、写真、テキストを使って、日常の1シーンを投稿できる機能です。24時間で自動的に削除されるので、今やっていることや見ているものなどを気兼ねなく投稿することができます。なお、LINEのストーリーには足跡機能があり、手順6でストーリーをタップした画面に閲覧者が表示され、他の人のストーリーを見たときにも、相手に気づかれます。

3 「動画」をタップし、「撮影」ボタンを押すと動画を撮影できる。

2 タップ

テキスト 写真 **動画**

1 タップ

4 撮影を中断する場合は **||** をタップする。撮影を終わりにするには ◉ をタップ。

0:06

1 タップ

2 タップ

 友だちだけにストーリーを見せるには

手順5の画面でSECTION02-02と同様に公開リストを指定すると、特定の人だけに見せることができます。

5 右側のアイコンで文字やスタンプを入れられる。公開設定を確認し、「完了」をタップ。

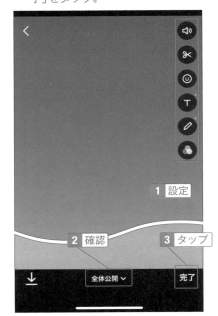

1 設定

2 確認

全体公開 ∨

3 タップ

完了

6 ストーリーをタップすると再生でき、閲覧者もわかる。

12:35   1 タップ

おすすめ **フォロー中**   + Q ୧

ストーリー　翔んで埼玉　K-POP授賞式　いい夫婦💕　学生旅行🐢

花子

 24時間経過後のストーリー

24時間経過したストーリーは自動的に保存され、P59の手順3の画面右上の 🔢 をタップして「マイストーリー」で閲覧できます。

オープンチャットを使う

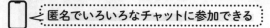

📱 ┤ 匿名でいろいろなチャットに参加できる ├

通常のトークは、登録している友だちとのやり取りですが、オープンチャットは不特定多数の人とやり取りができる機能です。トークで使用している名前とは別の名前を付けられるので、匿名で利用できます。自分でオープンチャットを作成することも可能です。

オープンチャットに参加する

1 画面下部の「トーク」をタップし、右上の⬚をタップ。

2 おすすめやカテゴリーから好みのチャットを選択。キーワードで検索することも可能。参加するチャットをタップ。

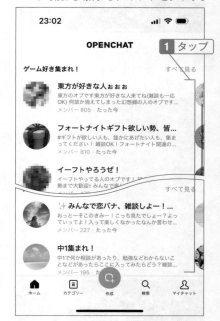

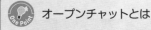

🔍 オープンチャットとは

友だち以外の人ともやり取りできる機能で、ジャンルごとにさまざまなチャットがあります。新たに作成することもでき、公開設定にすることも、非公開にして特定の人だけでやり取りすることもできます。トークルームごとにプロフィールを設定でき、最大10,000人まで参加可能です。途中から参加した人も遡って内容を読むことができるのも特徴の一つです。なお、ニックネームはトークルームごとに変えられます。

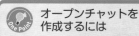

🔍 オープンチャットを作成するには

手順2の画面下部にある⬚をタップして、好きなジャンルのチャットを作成することも可能です。なお、参加済みのオープンチャットはトークリストに表示されます。

3 「新しいプロフィールで参加」をタップ。メッセージが表示されたら「同意」をタップ。

しゃべり場
メンバー1 ノート0
おしゃべりしましょう

1 タップ

新しいプロフィールで参加

4 オープンチャットで使用するニックネームを入力し、「参加」をタップ。

オープンチャットのプロフィール 参加

2 タップ

はな 1 入力

このオープンチャットで使用するニックネームとプロフィール画像を設定できます。LINEのプロフィールは公開されません。

チャットを退会する

1 ≡をタップ。

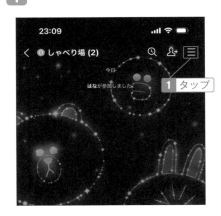

23:09

< ◉ しゃべり場 (2) 🔍 �%+ ≡

今日

はなが参加しました

1 タップ

2 「退会」をタップし、「トーク退出」（Androidは「はい」）をタップ。

23:09

< しゃべり場 (2)

1 タップ

🔇 通知オン 　 👥 メンバー 　 👥+ 招待 　 🔛 退会

📷 写真・動画 　　　　　　　　 >

写真や動画はありません

🗐 ノート

2 タップ

トーク履歴を含むすべての情報が削除されます。このトークを退会しますか？

キャンセル 　 トーク退出

🗂 ファイル 　　　　　　　　　 >

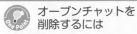

オープンチャットを削除するには

作成者または管理者は、手順2の画面下部にある「設定」→「オープンチャットを削除」をタップすると削除できます。なお、管理者が退出して誰もいなくなるとチャットは削除されます。

02-05

LINEでビデオ会議をする

📱 ⤜ 他のアプリを使わなくても、LINEでビデオ会議ができる

ビジネスではビデオ会議ツールが欠かせなくなっていますが、LINEにも同様の機能があります。アプリをインストールしなくても、LINE上ですぐに開始できるので便利です。友だち登録していない人を招待することもでき、皆でYouTubeを見ながらおしゃべりも可能です。

LINEミーティングを開始する

1 「トーク」をタップして、右上の 🔄 をタップ。

2 「ミーティング」をタップ。

3 「ミーティングを作成」をタップ。

> **One Point**
>
> ### LINEミーティングとは
>
> グループや複数人のトークを使わなくても、指定のURLにアクセスするだけでグループビデオ通話ができます。最大500名まで参加でき、LINEの友だちになっていない人でもURLを知らせれば参加可能です。パソコン版LINEでも使用できます。

4 をタップしてミーティング名を変更できる。「開始」をタップ。

6 ミーティングが始まる。

5 カメラとマイクをオンにして「参加」をタップし、「確認」をタップ。

❶ タイムが表示される

❷ 画面を縮小表示にする

❸ ミーティングに招待する

❹ 参加メンバーの確認やミーティングの設定ができる

❺ 退出するときにタップする

❻ マイクのオン・オフの切り替え

❼ カメラのオン・オフの切り替え

❽ 顔に効果を付けたり、背景の設定やアバターの使用ができる

❾ YouTubeや自分の画面を表示できる

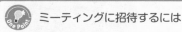

ミーティングに招待するには

手順4で「招待」をタップして友だちを招待できます。LINE友だち以外の人を招待する場合は、「コピー」をタップしてリンクを送信します。

02-06

既読を付けずにメッセージを読む

📱 スマホの画面に通知を表示させることで、開かずに内容を読める

通常は相手がメッセージを読むと、「既読」の印が付きます。便利なのですが、何らかの事情で返信できないとき、相手を不安にさせてしまうこともあるかもしれません。そこで、既読を付けずにメッセージを読む方法があるので紹介しましょう。

iPhoneで既読を付けずに読む

1 「ホーム」をタップし、⚙ をタップ。

2 「通知」をタップ。

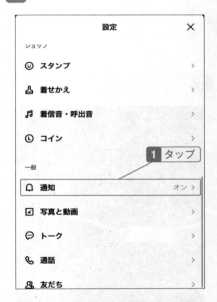

🔍 **One Point** 既読を付けずに読む方法

既読を付けずに読む方法として、ここで紹介するように画面に表示される通知を使う方法以外に、機内モードで読む方法や既読回避アプリを使う方法もあります。機内モードにするには、画面右上を下方向へスワイプし、飛行機のアイコンをオンにします。ただし、機内モードにした状態で読むと既読は付きませんが、機内モードを解除したときに既読になるので気を付けてください。

3 「新規メッセージ」と「メッセージ内容を表示」「プロフィールアイコンを表示」をオン。

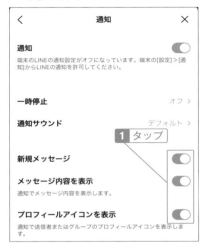

4 iPhoneの「設定」アプリをタップ。

5 「LINE」をタップ。

6 「通知」をタップ。

7 「通知を許可」をオン（緑色）にし、「ロック画面」「通知センター」「バナー」にチェックを付け、「プレビューを表示」をタップして「常に」にする。

8 メッセージが来たときに表示され、内容を読めば既読が付かない。

iPhoneの触覚タッチで既読を付けずに読む

1 「トーク」をタップし、未読のトークを長押しする。

2 長押し

1 タップ

触覚タッチとは

触覚タッチは、iPhoneの画面を長押しすることでサブメニューやプレビューなどを表示できる機能です。タッチの感度を調整する場合は、「設定」アプリの「アクセシビリティ」→「タッチ」→「触覚タッチ」で設定します。なお、古いiPhoneの場合は、画面を強く押し込む3D Touchで対応できます。

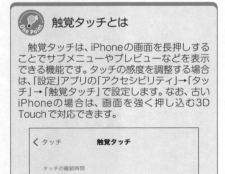

2 プレビューが表示され、メッセージを読める。右下の何もない部分をタップして閉じる。

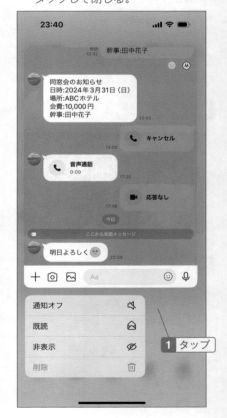

1 タップ

Androidで既読を付けずに読む

1 「ホーム」画面右上の ⚙ をタップ。メッセージが表示されたら「同意」をタップ。

2 「通知」をタップ。

3 メッセージ通知がオフになっている場合はオンにし、「メッセージ内容を表示」をオンにする。

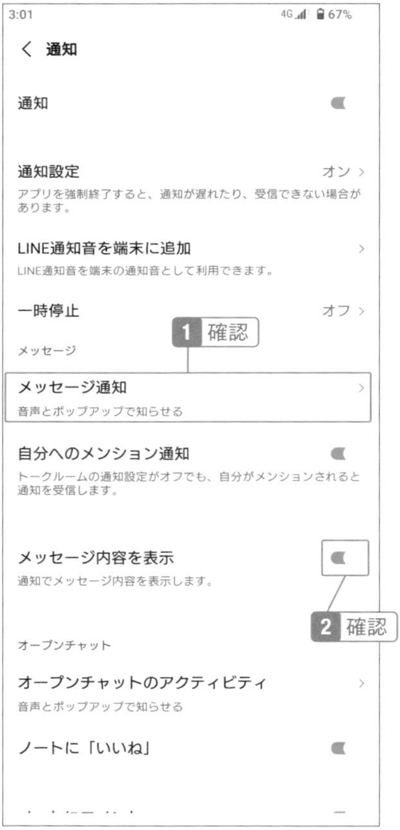

One Point 通知が表示されない

Androidで通知が表示されない場合、機種にもよりますが、「設定」アプリで「アプリ」→「LINE」を探して「通知」をオンに設定してください。

02-07

迷惑な人をブロックする

📱 もし間違えて友だち登録したり、関係が悪くなったときに遮断できる

連絡をしてほしくない人がいる場合は、相手をブロックしてメッセージを受信しないようにすることが可能です。スタンプがほしくて友だち登録した公式アカウントからのメッセージが多過ぎて読みたくないといった場合にも使えます。完全に削除する方法も紹介します。

ブロックを設定する

1 「ホーム」をタップし、「友だち」をタップ。

2 ブロックしたい相手を長押しする。

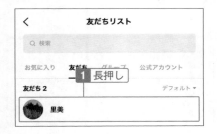

3 「ブロック」をタップ。メッセージが表示されたら「ブロック」をタップすると一覧から削除される。

One Point ブロックと削除の違い

手順3で「削除」を選択した場合、完全に削除していないため、メッセージのやり取りができてしまいます。完全に削除したい場合は、ブロックまたは非表示にしてから次のページの方法で削除します。

1 「ホーム」をタップし、⚙ をタップ。

2 スクロールして「友だち」をタップ。

3 「ブロックリスト」をタップ。

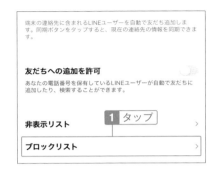

4 友だちをタップしてチェックを付け、「削除」→「削除」タップ（Androidの場合は「編集」をタップして「削除」をタップ）。

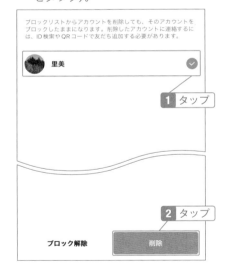

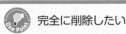

💡 **完全に削除したい**

手順4で「削除」をタップすると、ブロック解除もできなくなります。なお、ブロックを取り消す場合は、手順4で「ブロック解除」をタップします。

02

LINEをもっと使いこなして楽しもう

夜中の通知をオフにする

📱 ⤸ 日中は通知してほしいが、夜中の通知は困るという人におすすめ

友だちが増えてくると、メッセージが届くたびに通知が来ます。夜中にLINEのメッセージが届いて、通知で目が覚めてしまうことや、寝かしつけた子供が起きてしまうなど困ることがあるかもしれません。そのような場合、一定時間通知が来ないようにすることができます。

通知を一時停止する

1 「ホーム」画面右上の⚙をタップし、「通知」をタップ。

2 「通知」をオンにし、「一時停止」をタップ。

3 夜中の通知を停止する場合は「午前8時まで停止」を選択。「<」をタップして戻る。

LINEの通知をオフにする

トークにメッセージが入ると通知が来ます。通知が気になる人は、ここでの方法でオフにしましょう。手順3で「1時間停止」を選択すれば、仕事や勉強に集中したいときにも役立ちます。

02-09

ブロックせずに、友だちリストから消す

📱 ✂ 友だちリストに載せておきたくない人がいるときに便利

やり取りをしたくないけれど、ブロックすることで関係が壊れるのは困るといった場合は、友だちリストに載せないようできます。ただし、ブロックと違って相手からメッセージが送られてきたときには再表示され、メッセージを受け取れます。

友だちを非表示にする

1 「ホーム」をタップして「友だち」をタップし、友だちリストで非表示にする人を長押し。

2 「非表示」をタップ。

3 「非表示」をタップすると非表示になる。

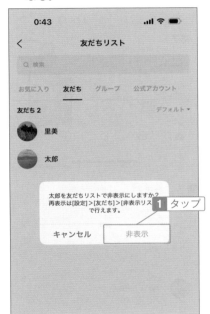

再び表示するには

「ホーム」をタップし、右上の⚙→「友だち」→「非表示リスト」で再表示する友だちの「編集」をタップし、「再表示」をタップします。なお、非表示にした相手からメッセージが来たときには、トーク一覧に表示されます。

ID検索で追加されないようにする

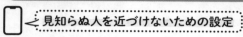

見知らぬ人を近づけないための設定

SECTION02-14でIDの設定について説明しますが、IDの検索で友だち登録ができるので、ランダムで打ち込んだIDを使って、見知らぬ人が友だち追加してくるケースもあります。心配な場合は、ID による友だち追加をオフにしておきましょう。

「IDによる友だち追加を許可」をオフにする

1 「ホーム」をタップし⚙をタップ。

2 「プライバシー管理」をタップ。

3 「IDによる友だち追加を許可」をオフ（白色の状態）にする。

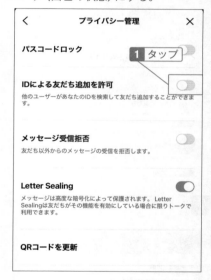

> ⚠ Check
> ### IDでヒットして
> ### 友だち追加されることもある
>
> IDで検索できるようにしておくと、見知らぬ人がランダムで検索して友だち追加をしてくる場合があります。中には、悪意のある人もいるので、IDによる追加は通常オフにしておき、信頼できる人を友だちに追加するときだけオンにするとよいでしょう。
> なお、18歳未満は、利用手続きの際に年齢確認を行っておくと、IDによる検索ができないようになっています。

知らない人からのメッセージを拒否する

📱 ✂ IDで追加と同様に、見知らぬ人とつながらないために設定する

自分が友だち登録をしていなくても、相手が登録していればメッセージを送ることができる場合があります。全く知らない人からメッセージが届くこともあるかもしれません。知人以外を受け付けたくない場合は設定を変更しましょう。

メッセージ受信拒否を設定する

1 「ホーム」をタップし ⚙ をタップ。

2 「プライバシー管理」をタップ。

3 「メッセージ受信拒否」をオンにし、「<」をタップ。

 知らない人から メッセージが来た

自分から友だち登録をしていなくても、相手のスマホの連絡先に自分の電話番号があったり、IDを類推されたりすると、登録してメッセージを送ることができます。受け取りたくない場合は、ここでの方法で友だち以外からのメッセージの受信を拒否してください。

02-12

アドレス帳の連絡先を使って
友だち追加しないようにする

📱 ⌇ スマホの引き継ぎ時にうっかり設定していることもあるので注意 ⌇

LINEを始めるときに、「友だち自動追加」をオンにした人は、アドレス帳に登録している人が
自動的に友だちとして追加されます。家電の修理に来た人や運送会社の人など意外な人とつ
ながってしまうことを防ぐために、設定を変更しておきましょう。

「友だち自動追加」をオフにする

1 「ホーム」をタップし 🔧 をタップ。

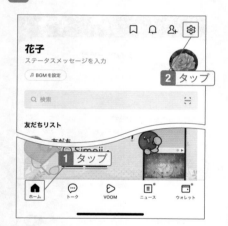

2 「友だち」をタップ。

3 「友だち自動追加」をオフにし、「＜」
をタップする。

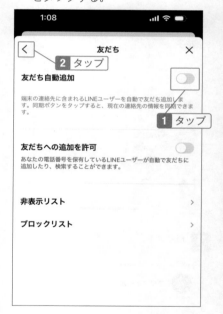

> ⚠️ Check
> ### 友だち自動追加は
> ### オフにしておこう
>
> 　友だち自動追加は、アドレス帳の連絡先を元
> に自動的に友だち登録ができるので、一見便利
> に思えます。しかし、自動追加することにより、
> 望まない人ともつながってしまう可能性が
> あるので、自動追加はオフにしておいた方がよ
> いでしょう。

02-**13**

電話番号を知っている人に
友だち追加されないようにする

「知り合いかも？」に出てきて焦らないためにも確認しよう

知り合いに自分の電話番号を登録されていて、SECTION02-12「友だち自動追加」をオンにしていた場合、相手のLINEに追加されてしまいます。こちらもLINEを始めるときにオンにしていると、苦手な人や元カレなどが登録することもあるので設定を変更しましょう。

「友だちへの追加を許可」をオフにする

02

LINEをもっと使いこなして楽しもう

1 「ホーム」をタップし ⚙ をタップ。

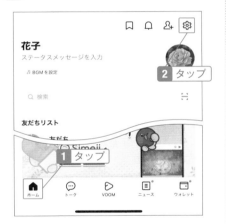

2 タップ

1 タップ

2 「友だち」をタップ。

1 タップ

3 「友だちへの追加を許可」をオフにし、「＜」をタップする。

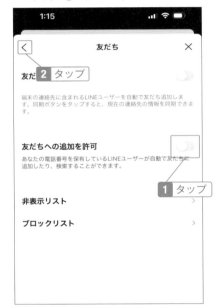

2 タップ

1 タップ

 知り合いかも？とは

相手が自分を登録したときに「知り合いかも？」に表示され、登録された理由が表示されます。知り合いかも？に表示されないようにするには、このSECTIONの「友だちへの追加を許可」とSECTION02-10の「IDによる友だち追加」をオフにしてください。

02-**14**

IDを設定して検索できるようにする

📱 問い合わせ時に必要な場合もあるので設定しておく

LINEアカウントにIDを設定しておけば、友だち追加したい人にIDを教えることで登録してもらえます。仮にID検索を使わなくても、LINE事務局に問い合わせるときに必要な場合もあるので設定しましょう。ただし、一度付けたIDは変更できないので慎重に設定してください。

IDを設定する

1 「ホーム」画面右上のをタップし、「プロフィール」をタップ。

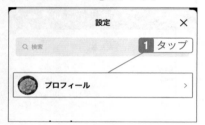

2 「ID」をタップ。

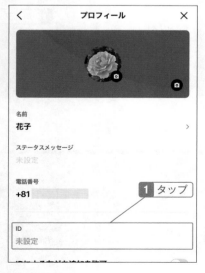

💡 **One Point** **IDとは**

IDは一人一人に割り当てられる番号のことです。ID検索の設定を許可している場合（SECTION02-10）、IDで検索したり、IDを伝えることで友だち追加ができます。

なお、一度付けたIDは変更できないので慎重に設定してください。

3 希望するIDを半角英数字で入力し、「使用可能か確認」をタップする。可能であれば「保存」をタップ。

02-15

パスワードやメールアドレスを変更する

📱 ← 第三者にパスワードを知られた場合やメールアドレスを変えた場合の変更方法

パスワードを盗まれた可能性がある場合は、すぐに変更しましょう。変更後のパスワードは、再インストールのときなどに困らないように忘れないでください。一緒に登録メールアドレスの変更方法も覚えておきましょう。

パスワードを変更する

02

LINEをもっと使いこなして楽しもう

[1] 「ホーム」画面右上の ⚙ をタップし、「アカウント」をタップ。

[2] 「パスワード」をタップして変更できる。メールアドレスを変更する場合は「メールアドレス」をタップして変更する。ロックの画面が表示されたら解除する。

[3] パスワードの場合は、新しいパスワードを2回入力し、「変更」をタップ。

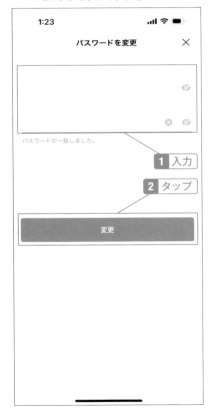

02-16

パソコンでLINEを使う

📱 ✂ スマホとパソコン同時に使うこともできる

スマホでLINEを使っているのなら、パソコンでも使うことができます。パソコン用のLINEアプリをインストールする必要がありますが、LINEに送られてきたPDFファイルやOfficeファイルをパソコンで使いたいときに簡単にダウンロードできるので便利です。

PC版のLINEにログインする

1 LINEのサイト（https://line.me/ja/）にアクセスする。「ダウンロード」ボタンをクリックしてダウンロードし、パソコンにインストールする。

2 スマホのホーム画面でLINEのアイコンを長押しし、「QRコードリーダー」をタップ。

3 パソコン版LINEを起動し、表示されているQRコードを読み取る。

LINEのPC版でログインするには

PC版のログイン方法は、「QRコードを使う方法」の他に、「メールアドレスまたは電話番号を使う方法」「スマホの生体認証を使う方法」があります。

4 スマホの画面に「ログイン
しますか？」と表示される
ので、「ログイン」をタップ。

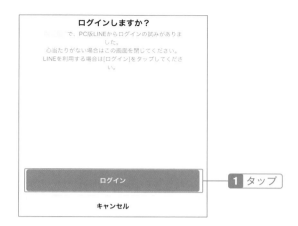

ログインしますか？

で、PC版LINEからログインの試みがありま
した。
心当たりがない場合はこの画面を閉じてください。
LINEを利用する場合は[ログイン]をタップしてくだ
さい。

ログイン ── **1** タップ

キャンセル

5 パソコンに表示された番号
をスマホの画面に入力し、
「本人確認」をタップ。

本人確認 ✕

PC版、iPad版LINE、またはその他LINEサービスのログイン画面
に表示された認証番号を入力し、本人確認ボタンを押してくださ
い。
ログインをしない場合は、
「閉じる」ボタンを押してください。

6 5 6 8 1 − ── **1** 入力

本人確認 ── **2** タップ

6 パソコンで使えるように
なった。

 **レンタルのパソコン
を使うときの注意**

他人のパソコンを使う場合は、手
順3の画面にある「自動ログイン」
と「Windows起動時に自動実行」
のチェックをはずしておきましょ
う。また、終了時は、手順6の画面
左下にある ■ をクリックし「ログ
アウト」をクリックしてください。

02-17

新しいスマホでLINEを使用する

📱 〜〈 QRコードを使って簡単に引き継ぎができる 〉

スマホを買い替えた場合、新たにアカウントを作り直す必要はありません。最新のLINEでは、QRコードで引き継ぎができます。ただし、これまでのトーク内容を残したいのならバックアップを取っておきましょう。

トークのバックアップを取る

1 「ホーム」画面右上の⚙をタップし、「トークのバックアップ」（Androidの場合は「トークのバックアップ・復元」）をタップ。

設定　　　　　　　　　　　　×

Q 検索

プロフィール　　　　　　　　　＞

account center
1 タップ
~~chool JAPAN~~

バックアップ・引き継ぎ

📷 トークのバックアップ　　　　　＞

2 「今すぐバックアップ」をタップしてiCloudに保存する。

データを保護しよう

あなたの大切なデータを～
1 タップ

今すぐバックアップ

特定の友だちとのトークを保存するには

ここでは、すべてのトークを保存しますが、特定の友だちとのトークのみを保存する方法もあります。トークルームの右上にある☰をタップし、「設定」→「トーク履歴を送信」をタップして、「"ファイル"に保存」を選択するかメールなどで送ります。

設定　　　　　　　　　　　　×

投稿の通知　　　　　　　　　⬤
ノートへのリアクションやコメントの通知を受信します。

BGM　　　　　　　　　　　　＞
トークルームにBGMを設定します。設定したBGMは、すべてのメンバーのトークルームに反映されます。

トーク設定
1 タップ
背景デザイン　　　　　　　　　＞

トーク履歴を送信
トーク内容をテキスト形式のファイルで送信します。

暗号化キー　　　　　　　　　＞
🔒 このトークルームではLetter Sealingが適用されています。

データの削除　　　　　　　　＞

通報

3 バックアップ用の6桁の数字で入力し「→」をタップ。

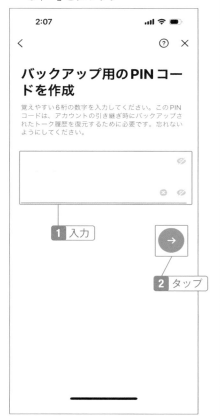

2:07

〈　　　　　　　　　⑦　✕

バックアップ用の**PINコード**を作成

覚えやすい6桁の数字を入力してください。このPINコードは、アカウントの引き継ぎ時にバックアップされたトーク履歴を復元するために必要です。忘れないようにしてください。

1 入力

→

2 タップ

古いスマホのQRコードを新しいスマホで読み取る

1 古いスマホでLINEの「ホーム」画面右上の⚙をタップし、「かんたん引き継ぎQRコード」をタップ。

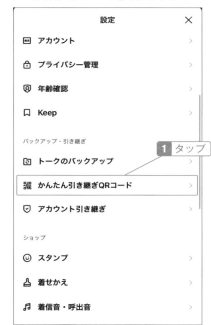

設定　　　　　　　　　✕

🖃　アカウント　　　　　　　　　›

🔒　プライバシー管理　　　　　　›

🔞　年齢確認　　　　　　　　　›

🔖　Keep　　　　　　　　　　›

バックアップ・引き継ぎ

1 タップ

🔲　トークのバックアップ　　　　›

▨　かんたん引き継ぎ**QRコード**　›

☑　アカウント引き継ぎ　　　　　›

ショップ

☺　スタンプ　　　　　　　　　›

👗　着せかえ　　　　　　　　　›

♫　着信音・呼出音　　　　　　　›

　かんたん引き継ぎQRコード

　QRコードを利用した引き継ぎ方法は、バックアップをせずに直近14日間のトーク履歴を復元できます。同じOS間であれば、トーク履歴のバックアップを行うことですべてのトーク履歴を復元することが可能です。なお、LINE12.10バージョン未満ではQRコードを利用したかんたん引き継ぎはできないので、最新のLINEに更新してから操作してください。

---

　iPhoneからiPhoneの引き継ぎ

　新しいiPhoneにバックアップデータを復元するには、古いiPhoneと同じApple IDで使用してください。

2 QRコードが表示される。

00:12

⟳ 更新

このQRコードを新しい端末でスキャンすると、新しい端末からLINEアカウントにログインして、直近14日間のトーク履歴を引き継ぐことができます。
QRコードのスキャン方法

同じOS間（iPhoneからiPhone）で引き継ぐ場合は、トーク履歴をバックアップすることで、すべてのトーク履歴を引き継ぐことができます。

3 新しいスマホにLINEアプリをインストールして起動する。「ログイン」をタップ。

LINEへようこそ

無料のメールや音声・ビデオ通話を楽しもう！

1 タップ

ログイン

新規登録

4 「QRコードでログイン」をタップ。

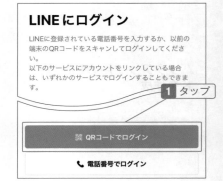

LINEにログイン

LINEに登録されている電話番号を入力するか、以前の端末のQRコードをスキャンしてログインしてください。

以下のサービスにアカウントをリンクしている場合は、いずれかのサービスでログインすることもできます。

1 タップ

⬚ QRコードでログイン

📞 電話番号でログイン

5 「QRコードをスキャン」をタップして古いスマホのQRコードを読み取る。カメラと写真へのアクセスは許可する。

以前の端末のQRコードをスキャン

以前の端末でLINEアプリを開いて、[設定]>[かんたん引き継ぎQRコード]でQRコードを表示して、この端末でスキャンしてください。

※この機能を利用するには、ネットワーク接続が必要です。

利用できます。

1 タップ

QRコードをスキャン

 以前のスマホが使えない場合

　以前のスマホが使えない場合は、ログイン画面で携帯電話番号を入力し、パスワードを入力して、SMSで届いた番号を入力すればログインできます。電話番号が変わってしまった場合でも、以前利用していたスマホの電話番号またはLINEに登録していたメールアドレスでLINEアカウントを引き継ぐことが可能です。そのようなときのために、LINEにメールアドレスを登録し、パスワードを忘れないようにしましょう。

6 ロックを解除する旨のメッセージが
表示される。

以前の端末で本人確認する

以前の端末のロックを解除することで、端末の所有者
であることを確認します。

7 古いスマホにメッセージが表示され
るので、チェックを付けて「次へ」
をタップ。

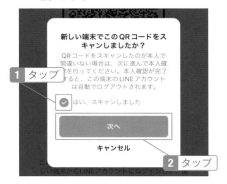

新しい端末でこのQRコードをス
キャンしましたか？

QRコードをスキャンしたのが本人で
間違いない場合は、次に進んで本人確
認を行ってください。本人確認が完了
すると、この端末のLINEアカウント
は自動でログアウトされます。

1 タップ

はい、スキャンしました

次へ

キャンセル

2 タップ

8 新しいスマホで「ログイン」をタッ
プ。

花子としてログイン

このアカウントを使用するには、[ログイン]をタップし
てください。

1 タップ

ログイン

9 「トーク履歴を復元」をタップ
（Androidの場合は「Googleアカウ
ントを選択し「トーク履歴を復元」を
タップ）。以降、LINEの利用登録を
したときと同様に画面の指示に従っ
て操作する（SECTION01-02参照）。

2:33

?

iCloudからトーク履歴を
復元

前回のバックアップ
今日 2:32

バックアップサイズ
268 KB

1 タップ

トーク履歴を復元

スキップ

 異なるOS間の引き継ぎ

iPhoneからAndroid、Androidから
iPhoneなど、異なるOSの場合は、手順8の後
「次へ」をタップしてください。トーク履歴は、
直近14日間だけ復元されます。

LINEの利用を止める

📱 ⤳ アカウントの削除は簡単だが、本当に止めてよいか考えてから操作する

LINEを止めたいときやアカウントを作り直したいときにはアカウントを削除します。ただし、登録した友だちや購入したスタンプ、LINEコインなども失うことになります。取り戻したいと思っても復元できないので、よく考えた上で操作してください。

アカウントを削除する

1 「ホーム」画面右上の⚙をタップし、「アカウント」をタップ。

2 「アカウント削除」をタップし、「次へ」をタップ。

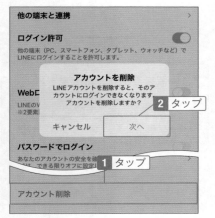

3 内容を確認してチェックを付け、「アカウントを削除」をタップ。その後スマホからLINEアプリをアンインストールする。

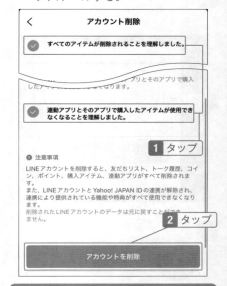

⚠ アカウントの削除は慎重に行う

アカウントを削除すると、LINEのすべてのメッセージ、友だちリスト、有料スタンプなどが削除されます。また、LINEコインやLINEポイントも失うので注意してください。もし、しばらくLINEを使いたくないのなら、スマホからLINEをアンインストールする方法をおすすめします。

Chapter

03

こだわりの写真や動画を
皆に見てもらえるInstagramを
はじめよう

Instagram（インスタグラム）は、若者や女性に人気のある写真・動画用のSNSです。日本だけでなく海外からも、毎日たくさんの写真や動画がアップされています。たとえ投稿しなくても、好きな著名人や興味のあるテーマの投稿をいつでも見られるのでユーザー登録をしておくとよいでしょう。このChapterでは、Instagramの始め方と基本的な使い方について解説します。

03-01

そもそもInstagramってどんなSNS？

📱 ⤙ 写真と動画を楽しめるインスタは流行の発信基地 ⤚

通称インスタと呼ばれているInstagram（インスタグラム）は、写真や動画を投稿して他の人と交流を深めることができるSNSです。「インスタ映え」という言葉が流行語にもなったように、見栄えの良い写真や動画がたくさんあります。まずはどのようなものかを確認しましょう。

Instagramとは

　Instagram（インスタグラム）は、写真および動画の共有アプリで、略して「インスタ」と呼ばれています。モデルや女優などの有名人が利用していることもあり、人気を維持し続けているSNSです。

　以前は、インスタというと写真がメインでしたが、最近ではリールというショート動画もたくさん投稿されており、写真も動画も楽しめるSNSとなりました。おしゃれなファッションをアピールする人やランチの食事を載せる人、飼っているペットや育てている植物を投稿する人もいます。フォロワーを増やして、いろいろな人と交流ができるのが魅力です。

　ビジネスで活用している企業や店舗も多く、自社の商品やサービスを投稿することで、集客や売上の向上を図っています。また、お店や個人がInstagramを使ってオリジナル商品の販売に活用しているケースもあります。

▲Visit Japan International

▲Visit Japan International

Instagramでできること

■**写真や動画の投稿（SECTION03-10）**

写真や動画を見るだけでなく、誰でも投稿することができます。

■**他ユーザーとの交流（SECTION03-06、08）**

同じ趣味や感性を持った人たちとコメント欄で交流ができます。

■**ストーリーズ（SECTION04-01～06）**

投稿して24時間で消えるストーリーズが使えます。

■**ライブ配信（SECTION04-11、12）**

テレビの生放送のように、リアルタイムで動画配信ができます。

03

こだわりの写真や動画を皆に見てもらえるInstagramをはじめよう

Instagramの利用登録をする

📱 ╱ 登録も利用も無料ですぐに始められる

Instagramのアプリをインストールしても、すぐに投稿を見ることはできません。利用手続きをしてアカウントを取得してください。もちろん登録も利用も無料です。登録時に携帯電話番号が必要ですが、公開されないので安心してください。

アカウントを作成する

1 スマホのホーム画面で「Instagram」のアイコンをタップ。

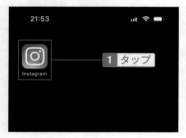

2 「新しいアカウントを作成」をタップ。

3 携帯電話番号を入力し、「次へ」をタップ。メールアドレスで登録する場合は「メールアドレスで登録」をタップして入力。

4 SMSで、電話番号宛に認証番号が送られてくるので入力し、「次へ」をタップ。

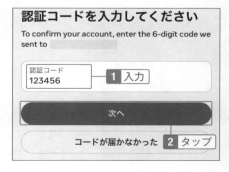

5 パスワードを入力し、「次へ」をタップ。

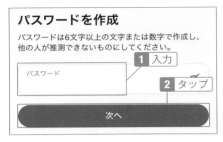

パスワードを作成

パスワードは6文字以上の文字または数字で作成し、他の人が推測できないものにしてください。

パスワード

1 入力

2 タップ

次へ

6 ログイン情報についてのメッセージが表示されたら「保存」をタップ。

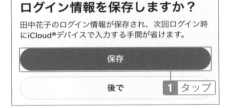

ログイン情報を保存しますか?

田中花子のログイン情報が保存され、次回ログイン時にiCloud®デバイスで入力する手間が省けます。

保存

後で

1 タップ

7 誕生日を設定し、「次へ」をタップ。

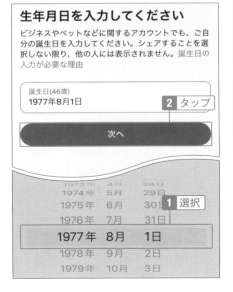

生年月日を入力してください

ビジネスやペットなどに関するアカウントでも、ご自分の誕生日を入力してください。シェアすることを選択しない限り、他の人には表示されません。誕生日の入力が必要な理由

誕生日(46歳)
1977年8月1日

2 タップ

次へ

1973年	4月	28日
1974年	5月	29日
1975年	6月	30日
1976年	7月	31日
1977年	**8月**	**1日**
1978年	9月	2日
1979年	10月	3日

1 選択

8 Instagramで使う名前を入力し(後で変更可能)、「次へ」をタップ。

名前を入力してください

名前を追加すると、友達に見つけてもらいやすくなります。

氏名
田中花子

1 入力

2 タップ

次へ

スキップ

9 ユーザーネームを入力し、「次へ」をタップ。ユーザー名は、後でプロフィールの編集画面で変更可能。

ユーザーネームを作成

新規に作成するか、自動作成されたユーザーネームを使用することができます。ユーザーネームはいつでも変更できます。

ユーザーネーム
hanakores

1 入力

⊘

2 タップ

次へ

10

「同意する」をタップ。

Instagramの利用規約とポリシーに同意する

サービスの利用者があなたの連絡先情報をInstagramにアップロードしている場合があります。詳しくはこちら

[同意する] をタップすることで、アカウントの作成と、Instagramの規約、プライバシーポリシー、Cookieポリシーに同意するものとします。

プライバシーポリシーに、アカウントが作成された際にMetaが取得する情報の利用方法が記載されています。この情報は例えば、Meta製品の提供、パーソナライズ、改善などに利用され、これには広告も含まれます。

1 タップ

同意する

11
プロフィール画像は後でも設定できるので、ここでは「スキップ」をタップ。

プロフィール写真を追加

プロフィール写真を追加して、友達があなたを見つけやすくしよう。この写真はすべての人に公開されます。

1 タップ

写真を追加

スキップ

12
連絡先の検索画面が表示されるが、ここでは「次へ」をタップして「許可しない」をタップ。

次に、友達を見つけられるように連絡先を同期できます

Instagramによる連絡先へのアクセスを許可すると、知り合いを見つけたり、知り合いに見つけてもらったりしやすくなり、あなたが関心を持ちそうなもののおすすめが表示されやすくなり、サービスの向上に役立ちます。

"Instagram" が連絡先へのアクセスを求めています

Instagramでは、あなたが関心ある人やものとつながりやすくするため、より良いサービスを提供するために連絡先が利用されます。連絡先は同期され、Instagramのサーバーに安全に保管されます。

| 許可しない | OK |

2 タップ

Instagramによる連絡先へのアクセスを許可した場合、連絡先は定期的に同期され、当社のサーバーに保存されます。同期は設定からいつでもオフにできます。詳しくはこちら

1 タップ

次へ

13
「スキップ」をタップ。

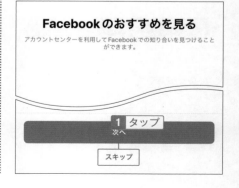

Facebookのおすすめを見る

アカウントセンターを利用してFacebookでの知り合いを見つけることができます。

1 タップ

次へ

スキップ

14 「保存」をタップ。

ログイン情報を保存しますか？

hanakores のログイン情報が保存されるため、iCloud®デバイスでログイン情報を入力する必要がなくなります。

1 タップ

保存

後で

15 「次へ」をタップ。

フォローする人を見つけよう 次へ

フォ 1 タップ

フォロー ×

フォロー ×

フォロー ×

フォロー ×

フォロー ×

⚠ Check アカウントをログアウトするには

複数のアカウントを使い分ける場合などは、ログアウトして使うことができます。右下の「プロフィール」をタップし、☰をタップして、「設定とプライバシー」をタップします。その後、最下部にある「ログアウト」タップします。

16 Instagramからのお知らせを受け取るかどうかを聞かれるので、「オンにする」をタップし、通知のメッセージが表示されたら「許可」をタップ。

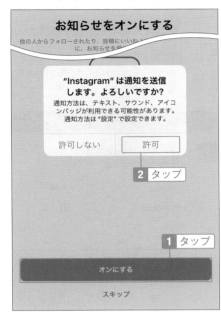

お知らせをオンにする

他の人からフォローされたり、投稿にいいね〜...に、お知らせを〜...

"Instagram" は通知を送信します。よろしいですか？
通知方法は、テキスト、サウンド、アイコンバッジが利用できる可能性があります。通知方法は "設定" で設定できます。

許可しない | 許可

2 タップ

1 タップ

オンにする

スキップ

17 Instagramの画面が表示される。

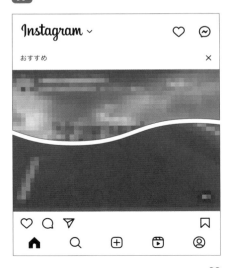

Instagram ∨　♡　◎

おすすめ　×

こだわりの写真や動画を皆に見てもらえるInstagramをはじめよう

03-**03**

プロフィールを設定する

📱 ⟨ 交流を深めるためにプロフィール設定は必須 ⟩

他の人と交流するためにプロフィールを設定しましょう。自己紹介文には、どんな写真を投稿しているのかを入れておくと共通の趣味や目的を持っている仲間が増えます。プロフィールの画像も、投稿内容に合わせて設定しておくと興味を持ってもらえます。

プロフィール画像を設定する

1　「プロフィール」をタップし、「プロフィールを編集」をタップ。

2　「プロフィール写真を変更」をタップし、「ライブラリから選択」（Androidの場合は「新しいプロフィール写真」）をタップ。写真へのアクセスは許可する。

3　写真をタップし、ドラッグで必要な部分を囲んで、「完了」（Androidの場合は「ギャラリー」から選択し、「→」）をタップ。

プロフィールを入力する

1 「プロフィールを編集」画面で「自己紹介」をタップ。ここでユーザーネームを変更やリンクの設定も可能。

2 自己紹介を入力し、「完了」(Androidの場合は☑)をタップ。

3 必要に応じてリンクや性別を設定し、「<」(Androidの場合は「←」)をタップ。

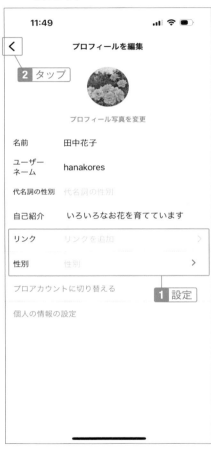

 名前やユーザーネームを変更するには

手順1の画面で名前とユーザーネームを変更できます。ただし、名前の変更は14日間に2回までです。

03-04

Instagramの画面構成

📱 まずはフィード画面とプロフィール画面を見ておく

Instagramの画面を開くと、いろいろなアイコンが表示されているので、初めて見る人はよくわからないかもしれません。まずは、最初に表示される画面の構成を確認しておきましょう。ここでは、iPhoneの画面ですが、Androidもほぼ同じです。

フィード画面

❶ タップすると「フォロー中」と「お気に入り」を切り替えられる

❷ コメントやいいねがあったときの通知やログイン情報が表示される

❸ ダイレクトメッセージの送受信ができる

❹ ストーリーズを投稿していればタップして表示できる

❺ 自分の投稿とフォローしている人の投稿が表示される

❻ **フィード**:自分とフォローしている人の投稿が表示される

❼ **検索&発見**:興味がありそうな投稿が表示される。また、見たい写真やユーザーを検索できる

❽ 投稿する

❾ **リール**:ショート動画を視聴できる

❿ **プロフィール**:自分のプロフィール画面を表示する

プロフィール画面

```
15:00

hanakores ∨                    ⊞   ≡

[アイコン画像]  3      1       1
              投稿   フォロワー  フォロー中

田中花子
いろいろなお花を育てています

  プロフィールを編集    プロフィールをシェア   +옥

  ストーリーズハイライト          ∨

    ⊞            ⊡            回

[花の写真]     [花の写真]     [花の写真]

プロフィール情報を入力
3/4 完了

    (옥)                        (옥✓)

フォローする人を見つけよう      名前を追加してくだ
5個以上のアカウントをフォロー   友達に簡単に見つけても
しよう。                        う、氏名を追加してくだ

⌂      Q      ⊕      ⊡      ●
```

❶ **ユーザーネーム**：複数のア
カウントがある場合はタッ
プして切り替えられる

❷ **作成**：通常の投稿、リール、
ストーリーズ、ライブから
選んで投稿できる

❸ **設定**：設定画面を表示する

❹ **プロフィール画像（アイコ
ン）**：ストーリーズを投稿
していればタップして表示
できる

❺ **投稿**：投稿数が表示される

❻ **フォロワー**：フォローされ
ている人の数が表示される

❼ **フォロー中**：フォローして
いる人の数が表示される

❽ **プロフィールを編集**：プロ
フィールを編集する

❾ **プロフィールをシェア**：
QRコードを表示する

❿ 「フォローする人を見つけ
よう」の表示・非表示を切
り替える

⓫ **ストーリーズハイライト**：
ハイライトとして保存した
ストーリーズが表示される

⓬ 投稿した写真や動画が一覧
表示される

⓭ リールを投稿していると表
示される

⓮ 自分がタグ付けされている
投稿が表示される

解説で使用している画面

ここでは執筆時点での画面で解説し
ています。実際の画面と異なる場合が
ありますのでご了承ください。

03

こだわりの写真や動画を皆に見てもらえるInstagramをはじめよう

他の人が投稿した写真や動画を見る

📱 インスタグラマーの投稿から撮り方やセンスを学べる

Instagramの写真や動画は世界中から投稿されていて、おしゃれなモデルやプロの写真家、一般の人も素敵な写真をたくさんアップしています。まずは、検索していろいろな人の投稿を見てみましょう。そうすることで、どんな風に投稿すればよいのかがわかってきます。

ユーザー名で検索する

1 「検索」🔍 をタップし、検索画面を表示させる。

2 検索ボックスをタップし、知り合いやタレントの名前やIDを入力して検索。

3 検索結果が表示される。著名人の正式アカウントには青いチェックマークが付いている。「アカウント」や「タグ」で絞り込むことも可能。見つけたらタップ。

 ハッシュタグや場所で探す

ハッシュタグ (SECTION03-11) で検索する場合は、手順3の画面で「タグ」をタップします。また、「場所」をタップして、場所を入力するとその場所の写真を探すことができます。

他の人のプロフィール画面

写真を見る

1　一覧から見たい写真や動画をタップする。動画には、右上にビデオカメラのアイコンが付いている。

2　写真が表示される。動画の場合は画面をタップすると音声が流れる。「＜」（Androidの場合は「←」）をタップすると前の画面に戻る。

❶ ブロックやアカウント情報の確認をする

❷ ストーリーズがあればタップして表示できる

❸ 投稿の数が表示される

❹ フォローされている人の数。タップすると一覧が表示される

❺ 投稿者がフォローしている人の数。タップすると一覧が表示される

❻ フォローする

❼ ダイレクトメッセージを送信できる

❽ 過去のストーリーズがある場合は表示される

❾ 投稿の一覧が表示される

❿ リールの投稿があれば表示される

⓫ タグが付いた写真を表示する

⓬ 投稿した写真や動画の一覧が表示される

こだわりの写真や動画を皆に見てもらえるInstagramをはじめよう

03-06

気に入った投稿にいいね！を付ける

気に入った投稿があったら気兼ねなくいいね！を付けよう

他の人の写真や動画を見ていて「素晴らしい」「素敵だ」と思ったら、いいね！を付けてあげましょう。それを見て、自分の投稿にもいいね！を返してくれる人もいます。SNSはいろいろな人と交流を深めるためのサービスなので、遠慮せずに付けてください。

「いいね！」ボタンをタップする

1 見たい写真をタップ。

3 ハートが赤くなり、いいね！を付けた。再度ハートをタップするといいね！を取り消せる。

2 写真の下にある「ハート」をタップ。

いいね！の投稿を見るには

「プロフィール」画面で三→「アクティビティ」→「いいね！」をタップするといいねを付けた投稿が一覧表示されます。

03-07

興味のあるユーザーを登録する

> 次の投稿も見たいと思ったらフォローしよう

興味深い写真を投稿している人を見つけたら「フォロー」しましょう。フォローすると、その人が投稿をした際、フィード画面に自動で表示されてくるのでチェックできます。中にはフォローを返してくれる人もいます。

フォローする

1 「フォロー」をタップ。

2 フォローした。フォローを止める場合は、「フォロー中」をタップして「フォローをやめる」をタップする

3 画面右下の「プロフィール」をタップし、自分のプロフィール画面を表示する。「フォロー中」をタップすると一覧表示される。表示されていない場合は、画面を下方向へスワイプして更新する。

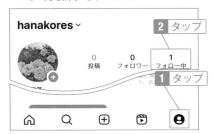

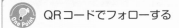

QRコードでフォローする

「プロフィール」画面の「プロフィールをシェア」をタップすると自分のQRコードが表示されるので読み取ってもらいます。相手のコードを読み取る場合は、右上の⊞をタップします。

03-08

投稿にコメントを付けて交流する

📱 **コメント欄があれば有名人の投稿にもコメントできる**

他の人の投稿に感動したら、いいね！だけでなく、コメントも付けてみましょう。より一層、他ユーザーとの交流を深めることができます。間違えてコメントしてしまった場合、修正はできませんが、削除は可能です。

コメントを入力する

1 🗨をタップ。アイコンがない場合はコメント不可の投稿。

2 コメントを入力する。絵文字を入れることもできる。その後「投稿する」をタップ。

3 コメントを付けた。下方向にスワイプして戻る。

コメントで入力ミスをした場合

Instagramでは、コメントを修正することはできません。どうしても修正が必要な場合は、コメントを削除して再コメントします。削除するコメントを左方向へスワイプ（Androidの場合はタップ）して🗑をタップします。

過去に付けたコメントを見る

1 画面右下の「プロフィール」をタップし、☰をタップ。

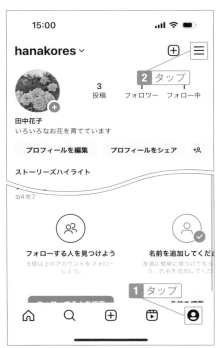

2 「アクティビティ」をタップ。

3 「コメント」をタップ。

4 タップして開ける。上部のボタンで古い順に並べ替えたり、日付で抽出も可能。

03-09

気に入った写真を登録する

📱 もう一度見たい投稿は保存してコレクションで管理する

Instagramは毎日投稿している人も多く、新しい投稿が上に表示されていくので、気に入った写真をもう一度見たいと思ったときに見つけるのが大変です。投稿にしおりを付けるような感覚で登録できる機能があるので利用しましょう。

他のユーザーの投稿を保存する

1 写真を表示させて🔖をタップ。

2 写真が保存され、しおりのアイコンの色が変わった。再度タップすると解除できる。

3 画面右下の「プロフィール」をタップし、☰をタップ。

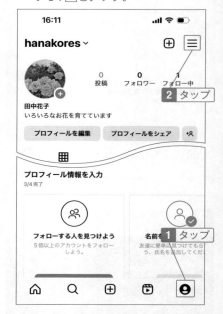

Instagramの保存とは

保存とは、気に入った写真を登録できるブックマークのようなもので、他の人には見られません。スマホに保存ではなく、Instagram上に保存されているので、投稿者が写真を削除した場合は削除されて見られなくなります。

4 「保存済み」をタップ。

○ 設定とプライバシー

ⓑ Threads `NEW`

☑ アクティビティ

🕙 アーカイブ

　　　　　1 タップ

🔠 QRコード

🔖 保存済み

👥 ペアレンタルコントロール

🗔 注文と支払い

☰ 親しい友達

☆ お気に入り

5 保存済み一覧が表示され、ここで保存した写真を閲覧できる。

コレクションの作成

さまざまな写真を保存していると、後から見るときに探すのが大変になります。関連のある写真は、コレクションを作成してまとめておきましょう。

コレクションを作成する

1 コレクション一覧の画面で、「＋」をタップ。

2 コレクションの名前を入力し、「次へ」をタップ。

3 コレクションに入れる写真をタップし、「完了」（Androidの場合は「追加する」）をタップ。

03-10

写真を投稿する

 撮った写真を後からゆっくり投稿してもOK

自慢のペットの写真、ランチの料理が出てきたときに撮った写真などを、投稿して皆に見てもらいましょう。その場で撮影して投稿することも、過去に撮影した写真を投稿することもできます。なお、投稿した写真の差し替えはできません。

スマホに保存してある写真を投稿する

1 画面下部の「＋」をタップ。

> **One Point 複数枚投稿するには**
>
> 複数枚投稿する場合は、手順2の画面で🔲をタップして選択します。1つの投稿に10枚まで入れられます。

3 ピンチアウトとドラッグで拡大と位置調整をして「次へ」（Androidの場合は「→」）をタップ。

2 「投稿」をタップ。続いて「V」をタップして場所を選択し、写真をタップ。📷をタップしてその場で撮影も可能。

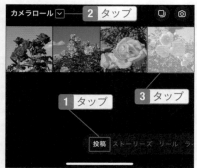

4 フィルター（SECTION03-13参照）を付ける場合は選択し、「次へ」をタップ。

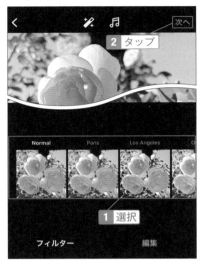

5 文章を入力して「OK」をタップ。

6 「シェア」をタップ。

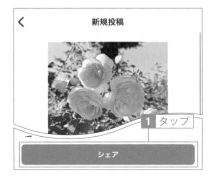

7 投稿した。フィード画面に表示される。

作成を途中で中断するには

　手順6の画面で「＜」（Androidは「←」）を2回タップすると、「下書きを保存」が表示されるのでタップします。作成する際は、手順2の画面に「下書き」が表示されるのでタップして続きを作成します。

こだわりの写真や動画を皆に見てもらえるInstagramをはじめよう

03-11

ハッシュタグで
同類の投稿と一緒に見てもらう

📱 フォロワーが少なくてもハッシュタグを付けると見てもらえる

「ハッシュタグ」はXなどでも使われていますが、Instagramでも頻繁に使われています。ハッシュタグを使って投稿をチェックしている人も多いので、たくさんの人に見てもらいたいと思ったら必ず入れておきましょう。複数のハッシュタグを入れることもできます。

ハッシュタグを入力する

1 SECTION03-10の手順5の画面で、文章を入力した後、半角の「#」を入力し、キーワードを入力。候補が表示された場合はタップ。複数入力する場合は、前のハッシュタグの後ろに半角スペースを入力してから次のハッシュタグを入力する。「OK」をタップ。

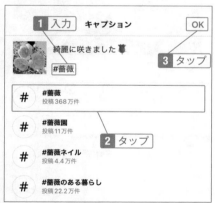

2 「シェア」をタップ。

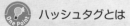

One Point **ハッシュタグとは**

キーワードに「#」を付けて、自由に設定できるタグのことです。青色で表示され、タップすると同じハッシュタグが付けられた投稿を一覧表示できるので、関連する投稿を見つけるのに役立ちます。「スイーツ」の写真なら、「#スイーツ」というハッシュタグを入れておくと、スイーツの写真を探している人はそのタグをタップしてスイーツの写真一覧を見ることができます。

3 ハッシュタグを付けた。ハッシュタグをタップすると同じハッシュタグの投稿が表示され、そこから人が見に来てくれる。

03-12

まっすぐに撮れなかった写真を修整する

 編集アプリを使わずに修正できる

まっすぐに撮った写真でも、よく見たら傾いているといったことがありませんか?失敗したと思って撮り直さなくても、Instagram上の編集画面で簡単に傾きを直すことができます。わざわざ他のアプリを使わなくてもよいので便利です。

傾きを調整する

1 SECTION03-10の手順4の画面で、「編集」をタップ。

2 「調整」をタップ。

3 バーをドラッグして傾きを調整し、「チェック」をタップ。

 傾きを調整しながらトリミングする

手順2の画面では、ピンチアウトして切り抜きもできます。傾きを調整しながら納得のいく写真にしましょう。

こだわりの写真や動画を皆に見てもらえるInstagramをはじめよう

03-13

フィルターで写真を見栄えよくする

📱 ＜ おしゃれな写真にしたいのならフィルターを使う

撮影してみたものの、雰囲気が今一つといったときには、「フィルター」を使うことで、写真の
風合いを変えることができます。Instagramでは、華やかな写真やシックな写真が好まれる
ので試してみましょう。また、個性的な写真にしたいときにも効果大です。

フィルターを設定する

1 SECTION03-10の手順4の画面
で、フィルターを横方向へスワイプ
して選択する。ここでは「Inkwell」
を選択。

2 フィルターを付けてモノクロの写真
になった。「次へ」をタップして
SECTION03-10の手順5の画面へ
進む。

 モノクロにするフィルター

ここで紹介した「Inkwell」の他、白黒の明暗
差を付けない「Moon」、風景や建物をセピア色
に近い白黒にする「Willow」などがあります。

 **フィルターの強さを調整
するには**

目的のフィルターをタップした後、再度その
フィルターをタップすると、スライダーが表示
されます。スライダーをドラッグするとフィル
ターの強さを調整できます。

03-14

写真の明るさや明暗差を調整する

明るさとコンストラストの調整で写真の見栄えが変わる

天気が悪い日や室内で撮った写真は、暗く写ってしまうことがありますが、それらもInstagramの編集画面で明るくすることが可能です。明暗差を出すためのコントラストの調整も可能なので、明るさと一緒に調整しながら納得のいく写真にしましょう。

明るさを設定する

1 SECTION03-12の手順2で「明るさ」をタップ。

2 明るさを調整する画面が表示される。スライダーを左方向にドラッグすると暗く、右方向にドラッグすると明るくできる。

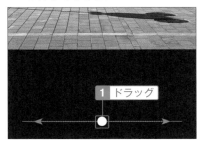

3 「完了」をタップ。

コントラストを調整するには

コントラストは、明暗の差のことで、明るい部分は明るく、暗い部分は暗くすることです。明るさと一緒に調整することで仕上がりがよくなります。手順1の画面で「コントラスト」をタップし、スライダーで調整できます。

03

こだわりの写真や動画を皆に見てもらえるInstagramをはじめよう

SECTION

03-15

写真と関係のある人をタグ付けする

📱 一緒に撮った人やその場にいた人を見せたいときにタグを使う

写真に写っている人物や、被写体に関係のある人物に、タグを付けて投稿することが可能です。写真を見た人は、タグをタップすると、その人のプロフィール画面に移動できるようになっています。タグの相手には通知が届くので、投稿したことを知らせる手段としても使えます。

投稿にタグを付ける

1 SECTION03-10の手順6の画面で、「タグ付け」をタップ。

2 写真上をタップ。

タグ付けとは

Instagramでは、写真に写っている人にタグを付けることができます。写真内のタグをタップすると、そのユーザーの「プロフィール」画面に移動できます。
なお、友達など他のユーザーをタグ付けするときは、気にする人もいるので、念の為本人に確認した方がよいでしょう。

3 タグ付けする名前またはユーザーネームを入力し、候補の一覧から該当する人をタップ。

4 タグをドラッグで移動し、「完了」（Androidの場合は✓）をタップ。次の画面で「シェア」（Androidの場合は✓）をタップして投稿する。

タグ付け　　　　　完了

2 タップ

1 ドラッグ

自分のタグを削除する

1 タグ付けされている写真をタップし、自分のタグをタップ。

satomoa　　　　　　　　　・・・

hanakores

1 タップ

satomoa お天気が良く、楽しかった
32分前

2 「投稿から自分を削除」をタップ。メッセージが表示されたら「削除」をタップ。

タグのオプション　　　**1** タップ

投稿から自分を削除

プロフィールに表示しない

詳しくはこちら

写真に自分のタグを付けられたら

自分のタグが付けられると通知が来るのでわかります。また、「プロフィール」画面にも表示されます。タグ付けを取り消してほしいときにはここでの操作方法で削除してください。プロフィールに載せたくない場合は、手順2の画面で「プロフィールに表示しない」（Androidは「プロフィールに非表示」）をタップします。

タグ付けを不可にする

手順2の後で、今後のタグ付けについての画面が表示される場合があります。タグ付けを許可したくない場合は「誰にも許可しない」を選択してください。また、「プロフィール」画面右上の≡→「設定とプライバシー」→「タグとメンション」でも設定できます。

削除されました。タグ付けできる人を更新しますか？

この投稿から削除されました。写真や動画にあなたをタグ付けできる人を更新しますか？全員にタグ付けを許可しない場合、誰かがタグ付けしようとしたときに、そのことが表示されます。

全員　　　　　　　　　　　　⦿

フォローしている人　　　　　　○

誰にも許可しない

保存

03

こだわりの写真や動画を皆に見てもらえるInstagramをはじめよう

113

03-16

投稿した写真を
自分だけが見られるようにする

記録用や失敗した写真は自分用に保存しておく

一旦公開したものの、「この写真は他の人に見せるのを止めよう」と思ったときは、アーカイブ
を使いましょう。削除しなくても、公開せずに自分だけが見ることが可能です。再度公開した
いと思ったときにも、簡単に公開できます。

アーカイブする

1 投稿した写真を表示し、⋯(Android
の場合は⋮) をタップ。

2 「アーカイブする」をタップ。

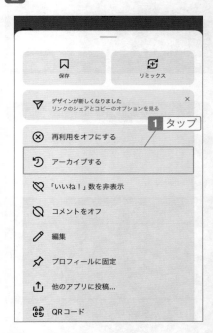

アーカイブとは

アーカイブは、すでに投稿した写真や動画を
削除せずに非表示にする機能です。他の人には
見せず自分だけが見られるようにしたいとき
に使えます。Chapter04で解説するストー
リーズもアーカイブできます。

投稿を編集するには

投稿を編集したい場合は、手順2で⋯
(Androidの場合は⋮) をタップし「編集」を
タップすると文章を修正できます。ただし、写
真の差し替えはできません。

アーカイブした写真を元に戻す

1 画面右下の「プロフィール」をタップし、☰をタップ。

2 「アーカイブ」をタップ。

3 上部の「v」をタップして「投稿アーカイブ」にする。

4 「投稿アーカイブ」になっていることを確認し、元に戻す写真をタップ。

5 右上の⋯ (Androidの場合は⋮) をタップし、「プロフィールに表示」をタップ。

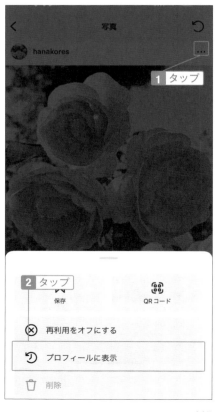

03

こだわりの写真や動画を皆に見てもらえるInstagramをはじめよう

03-17

間違えて公開した投稿を削除する

間違えて削除しても復元することが可能

別の写真に変えたいときには削除して再投稿します。万が一、誤って削除しても元に戻すことができ、通常の投稿だけでなく、ストーリーズやリールなども戻せます。ただし、30日を過ぎると戻せなくなるので気を付けてください。

投稿を削除する

1 削除する投稿の⋯(Androidは⋮)をタップし、「削除」をタップ。

2 「削除」をタップ。

投稿の削除

投稿は削除することができます。もし間違えて削除した場合は、30日以内なら復元することが可能です。

1 「プロフィール」画面で右上の☰をタップし、「アクティビティ」をタップ。

2 「最近削除済み」をタップ。

3 元に戻す投稿をタップ。

 ストーリーズやリールを元に戻す

手順3で「ストーリーズ」や「リール」のアイコンをタップして、削除したストーリーズやリール動画を元に戻すことができます。

4 …(Androidは⋮) をタップし、「復元する」をタップ。メッセージが表示されたら「復元する」をタップ。

 復元できる期間

復元できるのは削除してから30日間です。30日を過ぎると完全に削除されるのでその前に復元しておきましょう。なお、手順4で「削除」をタップすると、その場で完全に削除されます。

03

こだわりの写真や動画を皆に見てもらえるInstagramをはじめよう

03-18

お気に入りの投稿を先頭に固定表示する

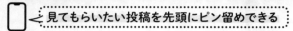

見てもらいたい投稿を先頭にピン留めできる

お気に入りの投稿が下部にあると見てもらえる機会が減ります。そのような場合はピン留めして固定表示しましょう。常に投稿一覧の先頭に表示させておくことができます。

プロフィールに固定する

1 固定表示したい投稿の⋯(Androidは⋮) をタップし、「プロフィールに固定」をタップ。

2 ピンのアイコンが付き、固定される。

 固定を解除するには

解除するときは、投稿の⋯(Androidは⋮)をタップし、「プロフィールから固定解除」をタップします。

03-19

Instagramの写真を他のSNSやメールで共有する

> 商品の宣伝などは他のSNSと併用することで効果大

「Instagramを利用していない人にInstagramの写真や動画を紹介したい」と思ったとき、XやFacebookなど他のSNSと連携させて、自動的に投稿することができます。連携させたら、実際に投稿を試してみてください。

Instagramの写真をXに投稿する

1 写真の下にある ▽ をタップ。

2 連携するSNSをオンにする。ここでは「X」をタップ。

3 Xの画面が表示されるのでポストする。

 連携アプリを解除するには

連携後、解除する場合は「プロフィール」画面右上の ≡ をタップし、「設定とプライバシー」→「ウェブサイトのアクセス許可」→「アプリとウェブサイト」でオフにします。

03-20

ダイレクトメッセージを送る

📱 直接聞きたいことや個人的な内容はDMを使う

写真に付けるコメントは、他の人も読むことができます。仕事の依頼やプライベートの誘いなど、他の人には見られたくないことはダイレクトメッセージ（DMと言われる）を使いましょう。ただし、個別のメッセージだからといって、マナーを忘れないように気を付けてください。

相手のプロフィール画面からDMを送る

1 メッセージを送りたい人の「プロフィール」画面を表示し、「メッセージ」をタップ。

2 メッセージを入力して「送信」をタップ。右上のボタンから音声通話やビデオ通話も可能。

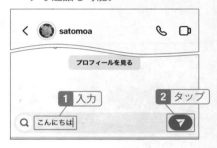

💡 **消えるメッセージモードとは**

メッセージの画面で、上方向へスワイプすると消えるメッセージモードになり、チャットを終了すると既読のメッセージが消えます。元に戻すには再度スワイプします。

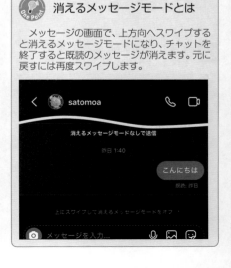

3 相手が読むと既読になる。

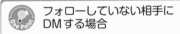

4 メッセージをダブルタップして「いいね」を付けられる。長押しすると他の表情を付けられる。

03

こだわりの写真や動画を皆に見てもらえるInstagramをはじめよう

メッセージを削除するには

メッセージを長押しし、「送信を取り消す」をタップすると、メッセージを削除できます。

フォローしていない相手に DMする場合

フォローしていない相手からDMが来ると、フィード画面右上の⊖をタップした画面にリクエスト（1件）と表示されます。やり取りする場合はタップして「承認」をタップします。

複数人でチャットする

複数の人とメッセージをやり取りすることもできます。フィード画面右上にある⊖をタップし、次の画面で✏をタップします。やり取りする相手を選択して「グループチャットを作成」をタップすると画面が表示されます。

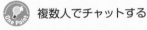

03-21

投稿写真にコメントを付けられないようにする

📱 忙しいときやコメントの返信に疲れたときの対策として使える

フォロワー数が増えてくると、いろいろな人がコメントを付けてきます。基本的にコメントが付いたら返信するのが望ましいので、たくさんのコメントが付くと大変です。忙しいときやコメントが要らない投稿の場合は、コメントを非表示にしましょう。

コメント非表示の投稿にする

1 投稿画面（SECTION03-10の手順6）で「詳細設定」をタップ。

2 「コメントをオフ」をタップ。その後投稿する。

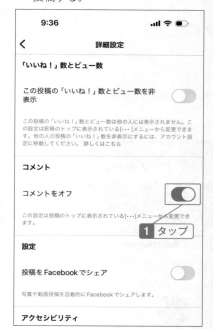

🔍 公開済み投稿のコメントを非表示にするには

すでに公開済みの投稿のコメントを非表示にすることもできます。投稿写真の右上にある…（Androidの場合は⋮）をタップし、「コメントをオフ」をタップします。

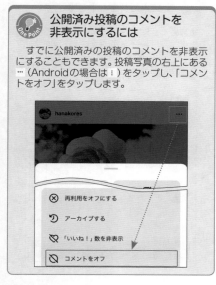

🔍 フォローしている人だけにコメントを許可するには

プロフィール画面右上の≡をタップし、「設定とプライバシー」→「コメント」で「コメントを許可する相手」を「フォロー中の人」に設定することも可能です。

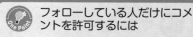

Instagramをもっと
使いこなして楽しもう

Instagramには、通常の投稿とは別に「ストーリーズ」や「リール」という投稿機能があります。使い方が難しそうだと思っている人も多いですが、一度投稿してみると、さほど難しくないことに気づくはずです。このChapterでは、ストーリーズやリールの使い方、ライブ配信方法を紹介します。また、Instagramを安全に使う設定や便利な設定についても紹介するので、困ったときに参照してください。

04-**01**

他のユーザーが投稿したストーリーズを見る

> **ストーリーズは複数の投稿が連なってできている**

まずは、他の人のストーリーズを見てみましょう。ストーリーズが投稿されていると、その人のプロフィール画像をタップすると再生されます。プロフィール画像が赤い丸で囲まれていれば、まだ見ていないストーリーズがあるということです。

ストーリーズを表示する

1 他の人のプロフィール画面にあるプロフィール画像をタップ。

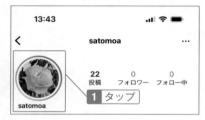

2 ストーリーズが表示される。画面右側をタップ。

3 次のストーリーズが表示される。画面左側をタップすると前のストーリーズが表示される。

ストーリーズとは

Instagramには、通常の投稿とは別に「ストーリーズ」(ストーリーとも言う)という投稿機能があります。ストーリーズの最大の特徴は、投稿した写真や動画が24時間で自動的に消えるという点です。そのため、日常の写真や動画を気兼ねなく投稿できます。投稿ごとに別々になっているのではなく、2回目目以降の投稿は1回目の後につながり、複数の写真や動画がつながって1つのストーリーのようになっています。

1 フィード画面で、自分のアイコンの右にフォローしている人のアイコンが表示され、まだ見ていないストーリーズは赤い丸で囲まれる。見たいストーリーズをタップ。

2 ストーリーズが表示される。写真や動画ごとに「いいね」をタップして付けられる。

ストーリーズ上からDMを送る

手順2の下部にある「メッセージを送信」は、投稿に付けるコメントとは違い、ダイレクトメッセージです。直接メッセージを送りたいときに使います。なお、相手がメッセージを不可に設定している場合もあります。

アイコンが緑の丸で囲まれている

親しい友達（SECTION04-03参照）として公開されているストーリーズは緑の丸で囲まれています。

04-02

手軽に載せたい動画や写真を ストーリーズに投稿する

📱 撮影した動画や写真に加工ができるのもメリット

普段Instagramを使っていても、ストーリーズはどのように投稿するかわからない人もいると思うので、投稿方法を説明しましょう。公開したストーリーズはInstagram利用者なら誰でも見られるのですが、親しい友達にだけ見せることもできます。

ストーリーズを投稿する

1 「プロフィール」画面右上の「＋」をタップして「ストーリーズ」をタップ。

2 撮影済みの写真や動画を選択できる。ここでは撮影するので 📷 をタップ。

3 撮影ボタンをタップすると写真を撮影できる。動画を撮影する場合は長押しする。ここでは長押しする。

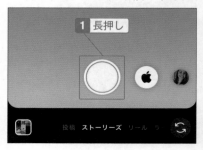

One Point エフェクト

「撮影」ボタンを横にスワイプすると、キラキラやハートなどの効果を付けて撮影できます。

4 動画撮影の場合、撮影ボタンを押したまま上方向へドラッグするとズームできる。指を離すと撮影が終わる。

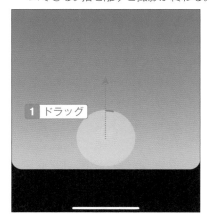

1 ドラッグ

5 上部の Aa をタップ。

1 タップ

スタンプを追加するには

📷 をタップすると、スタンプを追加できます。質問やアンケート、メンションやハッシュタグもスタンプを使って入れられます。「ミュージック」を追加して音楽を入れることも可能です。

6 文字を入力。左のバーで文字サイズを変更できる。済んだら「完了」をタップ。

3 タップ

1 入力

2 ドラッグ

ストーリーズの投稿を止めるには

投稿するのを止める場合には、手順7の画面左上の「×」(Androidは「<」)をタップします。やり直す場合は「破棄」をタップし、後で編集の続きをする場合は「下書きを保存」をタップしてください。

7 ドラッグして文字を移動する。「ストーリーズ」をタップすると公開される。

1 ドラッグ

飛行機！

2 タップ

8 「フィード」または「プロフィール」画面の自分のプロフィール画像をタップするとストーリーズが表示される。

「ブーメラン」を使う

1 ストーリーズの撮影画面で、「ブーメラン」をタップし、撮影する。

ストーリーズの撮影モード

ストーリーズの撮影画面に並んでいるボタンを使って、面白い動画を撮影できます。

作成する：文字だけのストーリーズにするときに使う
ブーメラン：ブーメランのように最後まで再生すると逆再生する
レイアウト：複数の写真をコラージュのようにできる
ハンズフリー：「v」をタップすると表示される。ボタンの長押しをしないで動画を撮影できる
デュアル：インカメラとアウトカメラ同時に撮影する。

2 上部の ∞ をタップ。

3 ブーメランの種類を選択し、「完了」をタップ。

ブーメランの種類

ブーメランは、「クラシック」「スローモーション」「エコー」「デュオ」の4種類から選べます。選択するとプレビューが表示されるので、気に入ったものを選択してください。

128

「レイアウト」を使う

① ストーリーズの撮影画面で、「レイアウト」をタップ。

② レイアウトの種類を選択。撮影ボタンをタップして写真を撮影するか左下のサムネイルをタップして撮影済みの写真を選択する。

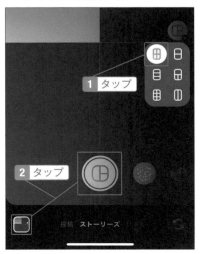

③ 写真を入れたら ☑ をタップ。

> **レイアウトに追加した写真を削除するには**
>
> 手順3で、写真をタップして表示される「ゴミ箱」をタップすると削除できます。
>
>

04-03

友達だけにストーリーズを見せる

親しい友達のリストを作っておくと便利

複数の投稿が連なっているストーリーズですが、その中の1つの動画または写真を特定の人だけに見せることも可能です。指定された人以外がストーリーズを再生したときには、そのストーリーズは飛ばして見ることになります。

親しい友達リストを作成する

友達にする人のプロフィール画面で「フォロー中」をタップし、「新しい友達をリストに追加」をタップ。

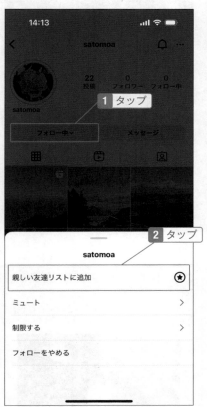

2 「フォロー中」が緑になり友達になった。

3 ストーリーズの画面（SECTION 04-02の手順7）で「親しい友達」タップして投稿する。

04-04

ストーリーズの動画や写真を取り消す

📱 ⤙ 24時間で消えるが削除もできる

24時間で削除されるストーリーズなので、基本的に削除の操作をする必要はないのですが、間違えて投稿してしまった場合は削除することができます。ストーリーズごと削除するだけでなく、ストーリーズの中の特定の動画または写真を削除することも可能です。

ストーリーズを削除する

1 「フィード」をタップし、自分のプロフィール画像をタップしてストーリーズを表示する。

2 削除したいストーリーズが表示されたら「その他」をタップ。

3 「ストーリーズを削除」をタップ。メッセージが表示されたら、「削除」をタップ。

ストーリーズの中の特定の写真だけを削除する

選んで削除することも可能です。ストーリーズが表示されたら、上方向にスワイプします。ストーリーズの一覧が表示されるので、削除したいストーリーズをタップし、ゴミ箱のアイコンをタップして「削除」をタップします。

04-05

自分のストーリーズを見た人を調べる

足跡機能があるストーリーズ。他の人のストーリーズを見るときも注意

ストーリーズには足跡機能があり、誰が見に来たのかがわかります。調べ方が少しわかりにくいのでここで説明します。なお、他の人のストーリーズを見たときに、自分の足跡が付くということも覚えておきましょう。

ストーリーズの閲覧者を確認する

1 「フィード」をタップし、左上にある自分のプロフィール画像をタップしてストーリーズを表示する。

2 ストーリーズの画面を下から上へドラッグ。

3 ストーリーズを見た人が表示される。「×」をタップ。

ストーリーズの足跡を残したくない

残念ながらストーリーズの閲覧履歴をオフにする設定はなく、基本的にストーリーズを見たことは消すことができません。

04-06

ストーリーズで加工した写真や動画を
スマホに保存する

📱 ⤙ 作成したストーリーズをスマホに保存できる

ストーリーズは24時間で削除されますが、加工した動画や写真を残したい場合はスマホに
保存しておくことができます。また、スマホに自分のストーリーズを自動保存する方法もある
ので「ONE POINT」で紹介します。

ストーリーズの写真を保存する

[1] プロフィール画像をタップしてス
トーリーズを表示し、「その他」を
タップ。

[2] 「保存」をタップ。

[3] 「写真を保存」をタップ(動画の場合
は「動画を保存」をタップする)。

ストーリーズをスマホに自動で
保存するには

手順2で「ストーリーズ設定」をタップしま
す。「ストーリーズをカメラロールに保存」
(Androidは「ストーリーズをギャラリーに保
存」)をタップするとスマホに保存します。な
お、「ストーリーズをアーカイブに保存」をオン
の場合は、24時間経過後アーカイブ
(SECTION03-16)に保存されます。

04-07

残しておきたいストーリーズを
ハイライトとして公開する

📱 ✂ 自慢のストーリーズをプロフィール画面に残せる

ストーリーズは、24時間過ぎると画面から削除されますが、その後も見てもらいたい場合はハイライトを使うとプロフィール画面に残せます。すでにストーリーズから消えた動画や写真をハイライトに追加する方法を解説しますが、現在公開しているストーリーズをハイライトに追加することもできます。

ハイライトを作成する

1 「プロフィール」画面で、上部の「＋」をタップし、「ストーリーズハイライト」をタップ。

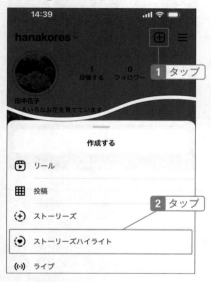

2 ハイライトにしたいストーリーズをタップしてチェックを付け、「次へ」をタップ。

3 ハイライトに付ける名前を入力。「カバーを編集」をタップしてアイコンの写真を変更可能。その後「追加」（Androidの場合は「完了」）をタップ。

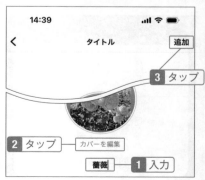

ハイライトとは

ストーリーズの投稿は24時間経つと自動的に消えるようになっていますが、24時間経ってもプロフィールに載せておきたいときにハイライトを使います。なお、ストーリーズは、誰が見たかわかりますが、ハイライトは誰が見たかわかりません。

4 ハイライトが作成され、「プロフィール」画面に表示される。

ハイライトを編集する

1 「プロフィール」画面にあるハイライトのアイコンを長押しし、「ハイライトを編集」をタップ。

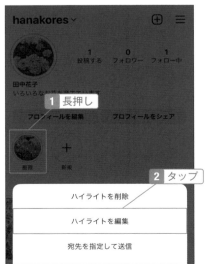

 ハイライト自体を削除するには

ハイライトの一部の動画ではなく、作成したハイライト自体を削除したい場合は、手順1で「ハイライトを削除」をタップします。

2 削除したい動画または写真のチェックをはずし、「完了」をタップ。その後メッセージの「削除」をタップ。

 公開中のストーリーズをハイライトに追加する

ストーリーズを表示しているときに、下部に「ハイライト」があれば、タップしてハイライトを作成できます。新規に作成することも、既存のハイライトに追加することも可能です。

04

Instagramをもっと使いこなして楽しもう

135

04-08

インスタのショート動画「リール」を視聴する

📱 リールはインスタのショート動画

TikTokやYouTubeでショート動画が人気ですが、Instagramにも、「リール」というショート動画があります。Instagramは、センスの良い写真を投稿する人が多いので、動画も見栄えの良いものが多いです。国内だけでなく、海外の人のダンスや景色の動画もおすすめです。

リールを表示する

1 下部の 📷 をタップするとリール動画が表示される。上方向へスワイプすると次の動画が表示される。

❶ リールを投稿する

❷ いいねを付ける

❸ コメントを付けられる

❹ 他の人に送信したり、ストーリーズに追加する

❺ 動画をリミックス、保存、シェアするときや興味がないときにタップする

❻ 同じ音源を使った動画を表示する

❼ 投稿者名。タップするとその人のプロフィール画面が表示される

❽ 動画の説明

❾ 使用している音楽

🔵 リールとは

リールは、最長90秒のショート動画の視聴、投稿ができる機能です。音楽、エフェクトなど、楽しい動画を投稿できます。画面いっぱいに表示されるため見ごたえがあり、フォロワー以外の人にも見てもらいやすいというメリットもあります。

1 ユーザーのプロフィール画面の 🎬 をタップ。

2 リールの投稿一覧が表示されるのでタップ。

3 再生される。「いいね」をタップ。

4 いいねを付けた。「コメント」をタップ。

5 メッセージを入力し、「投稿する」（Androidの場合は「投稿」）をタップ。

04-09

リール動画を投稿する

リールの投稿は、ストーリーズと似たような操作でできます。ストーリーズは24時間で消え
ますが、リールは何もしなくてもプロフィール画面に残っているので、フォロワーにいつでも
見てもらえます。エフェクトやスタンプなどを使い、楽しいショート動画を投稿しましょう。

動画を撮影する

1 「プロフィール」画面右上の「+」を
タップし、「リール」をタップ
（SECTION04-02の手順1の画面）。
続いて「カメラ」をタップ。撮影済み
の動画を使用することも可能。

2 「撮影」ボタンをタップして動画を
撮影する。長押ししたまま上へド
ラッグするとズームできる。

❶ 投稿を止める

❷ フラッシュのオン・オフを切り替える

❸ **速度**：早回しで撮影できる。タップして「1/3」「1/2」でスローモーション、「2x」「3x」「4x」で早回しになる

❹ **タイマー**：撮影時間を設定してカウントダウンができる

❺ カメラ設定画面を表示する

❻ **音源**：音楽を追加する

❼ **エフェクト**：キラキラやハート、顔の補正などのさまざまな効果を付けられる

❽ **レイアウト**：複数の動画をコラージュのようにできる

❾ 撮影済みの動画や写真、下書き保存の動画を使用できる

❿ インカメラとアウトカメラを切り替える）

リール動画を投稿する

1 「次へ」をタップ。

2 🎵 をタップ。

3 「再生」ボタンをタップして試聴できる。使用する音楽が見つかったらタップ。

4 音楽を入れる場面にドラッグし、「完了」をタップ。

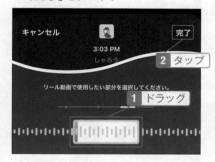

One Point 音声と音楽のバランスを調整するには

手順3で「管理」をタップすると音声と音源の音量バランスを調整できます。

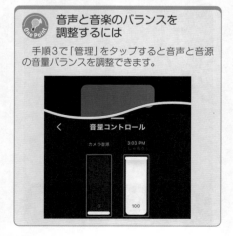

5 Aa をタップ。

6 文字を入力する。左のバーでサイズ変更、上部のボタンで装飾可能。終わったら「完了」をタップ。

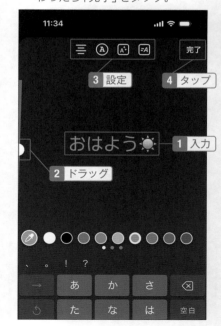

7 ドラッグして移動する。 🔄 をタップ。

1 ドラッグ
2 タップ

8 スタンプを入れられる。検索ボックスにキーワードを入力して探すことも可能。

One Point 下書き保存

手順10の下部にある「下書きを保存」をタップして、後で投稿することも可能です。手順1の画面から再開できます。

9 「次へ」をタップ。

1 タップ

10 「カバーを編集」をタップして、表紙となる画面を設定できる。「シェア」をタップ。

1 タップ
2 タップ

04-10

他の人の動画を使って投稿する

📱 他の人が投稿した動画を利用して投稿することが可能

他の人がダンスしている動画に自分がダンスしている動画を入れたいとき、リミックスやシーケンスが便利です。動画の中に自分を入れることもできるので楽しい動画を作成しましょう。

リミックスを投稿する

1 動画の右下にある⋯をタップ。

3 「カメラ」のアイコンをタップ。

2 「リミックス」をタップ。メッセージが表示されたら「OK」をタップ。

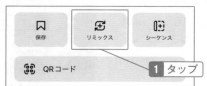

リミックスとは

　リミックスは、他のユーザーが投稿した写真や動画に、別の写真や動画、文字、スタンプ、音楽などを入れて投稿ができる機能です。ただし、非公開アカウントや、投稿者がリミックスを許可していない場合は使えません。

4 スマホを動かしながら被写体を映し出す。ピンチインまたはピンチアウトして調整し撮影する。

5 必要に応じて文字やスタンプを追加し、「次へ」をタップして投稿する。

シーケンスを投稿する

1 動画の右下にある⋯をタップし、「シーケンス」をタップ。メッセージが表示されたら「OK」をタップ。

One Point シーケンスとは

シーケンスは他の人の動画の前後に自分の動画や写真を追加して投稿できる機能です。ただし、非公開アカウントや、投稿者がシーケンスを許可していない場合は使えません。

2 下部にあるバーの両端をドラッグし、使用する場面を選択して「次へ」をタップ。

3 「カメラ」をタップして撮影するか、撮影済みの動画や写真を追加する。その後「次へ」をタップして投稿する。

ライブを視聴する

📱 配信者の顔は見えても、視聴者の顔は映っていないので安心して参加しよう

リアルタイムで配信できる機能もあります。フォローしている人がライブ配信を開始すると、自分のフィード画面上部に配信中のアイコンが表示されます。「〇〇さん、こんばんは」と話しかけられることもありますが、自分の顔は映っていないので安心してください。

ライブ配信に参加する

1 フィード画面上部にLIVEのアイコンが表示されるのでタップ。またはプロフィール画面のアイコンをタップ。

2 ライブ画面が表示され、視聴できる。

❶ ライブのタイトル
❷ タップすると現在の視聴者がわかる
❸ 現在視聴している人の数が表示される
❹ 退出する
❺ コメントを送る
❻ 参加リクエストをする
❼ 質問ができる
❽ DMを送れる
❾ リアクションを付ける

1 メッセージを入力して「投稿する」
（Androidの場合は「投稿」）をタップ。
またはキーボードの「送信」をタップ。

2 アイコンと一緒にコメントが表示される。スワイプすると隠れているコメントを読める。

3 右下の 💟 をタップすると、リアクションを送れる。

4 退出するときは「×」をタップする。

04-12

ライブ配信する

📱 ⤙ 簡単に配信できる。他の人とのコラボも人気

配信というと難しそうに思うでしょうが、誰でも簡単に開始できます。他の人を招待して、同じ画面での配信も盛り上がるのでおすすめです。ライブの動画を残して、ライブを見逃した人たちに見てもらうこともできます。

ライブ配信を開始する

[1] 下部の「プロフィール」をタップし、画面右上の「＋」をタップして「ライブ」をタップ。

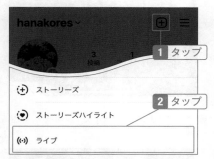

[2] 「ライブ」を確認し、右下の 🔄 をタップしてインカメラかアウトカメラを選択して「開始」ボタンをタップ。

[3] 配信を開始した。

❶ 配信中は「LIVE」と表示される。タップすると時間が表示される

❷ 現在視聴している人の数が表示される。タップすると現在の視聴者がわかる

❸ ライブを終了する

❹ マイクのオン・オフを切り替える

❺ カメラのオン・オフを切り替える

❻ アウトカメラとインカメラを切り替える

❼ エフェクトを付ける

❽ コメントを送信できる

❾ 参加リクエストが表示される

❿ ライブに招待して一緒に配信ができる

⓫ 視聴者からの質問が表示され、タップして画面に映し出すことも可能

⓬ メッセージを送れる

ライブ配信を終了する

1 終了することを告げてから「×」をタップ。

2 「今すぐ終了」（Androidは「動画を終了」）をタップ。

3 1分以上の場合は「シェア」をタップ。ライブ配信の動画を残さない場合は「動画を破棄」をタップ。ここでは「シェア」をタップ。

 ライブ配信を保存する

手順3で「シェア」をタップすると、動画として保存され、フィードやリール動画の一覧に表示されます。公開したくない場合は「動画を破棄」を選択してください。

4 「カバー」をタップ。

6 説明を入力し、グレーの部分をタップ。

5 表紙とする場面を選択。「カメラロールから追加」をタップして、撮影済みの写真を選択することも可。「完了」をタップ。

7 「シェア」をタップ。

ライブ動画をアーカイブする

手順3で「動画を破棄」を選択した場合でもアーカイブに保存され、プロフィール画面右上の ≡ →「アーカイブ」で、上部の「v」をタップして「ライブアーカイブ」をタップして確認できます。アーカイブに保存されない場合は、P146の手順2で右上の ◎ をタップし、「ライブ」の「ライブ動画をアーカイブに保存」をオンにします。

ノートで一言を伝える

📱 ひとりごとをつぶやきたいときに使える機能

投稿するほどのことではなく、ひとりごとを書きたいときにはノートという機能がおすすめです。ダイレクトメッセージの画面にあるため使っていない人も多いですが、何気ない一言を発信できるので活用してください。

ノートを投稿する

1 「フィード」をタップし、右上の 💬 をタップ。

2 「ノートを入力」をタップ。

3 メッセージを入力し「シェア」をタップ。「🎵」をタップして音楽を入れることも可能。

ノートとは

ダイレクトメッセージの画面にひとことを表示できる機能です。お互いにフォローしている人だけが見ることができ、投稿後24時間経つと自動的に削除されます。

04

Instagramをもっと使いこなして楽しもう

04-14

見たくない写真や動画を非表示にする

📱 興味のない写真や動画がおすすめに載らないようにする

「フィード」画面には、いいねやコメントを付けた動画を元におすすめの写真や動画が表示されますが、興味のない写真や動画が表示されることもあります。そのような場合は興味がないと報告すると、似たような写真や動画を目にする機会が少なくなります。

興味がないことを報告する

1 画面右上の ⋯ をタップし、「興味がない」をタップ。

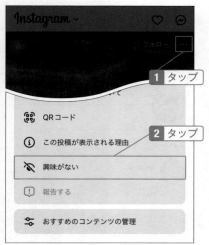

2 非表示になった。

 フォローしている人の投稿や広告を非表示にする

フォローしている人の動画でも興味がない場合は、右上にある ⋯ をタップし、「非表示にする」をタップすると非表示にできます。また、興味のない広告が表示された場合は「広告を非表示にする」をタップします。

04-15

フォロワー以外に
投稿を見られないようにする

きついコメントに耐えられないときは非公開にしよう

自慢の写真を投稿していくInstagramでは、まれに妬まれることもあります。きついコメントや陰口を叩かれたりなど辛いと感じるのであれば、全体に公開せずフォロワーだけが見られるようにしてかまいません。リアルの友達や家族だけで楽しみたい人も非公開にしましょう。

アカウントを非公開にする

1 「プロフィール」画面で☰をタップして「設定とプライバシー」をタップ。

2 「アカウントのプライバシー」をタップ。

 非公開でも自己紹介は見られる

非公開にしても、ユーザーネーム、名前、自己紹介は、フォロワー以外も見られるので気を付けてください。

3 「非公開アカウント」をオン（青色）にし、「非公開に切り替える」をタップ。

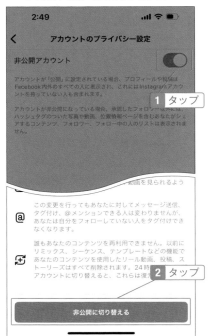

04-16

特定のユーザーを
ブロックまたは制限する

📱 迷惑な人は「ブロック」、距離を置きたい人は「制限」

最近はInstagramのユーザーが増えたので、迷惑な人に絡まれる心配がゼロとは言えません。もし関わりたくない人がいたら、ブロックできます。また、ブロックしなくても、相手がコメントやメッセージを送ってきたときに読まずにすむ方法もあります。

ブロックする

1 ブロックしたい人のプロフィール画面右上の … (Androidの場合は ⋮) をタップし、「ブロック」をタップ。

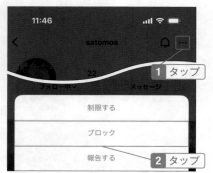

2 「ブロック」をタップ。

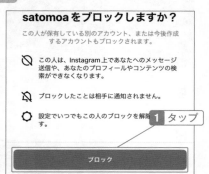

3 ブロックすると相手の投稿を見られなくなる。「ブロックを解除」をタップすると解除できる。

ブロックした人を確認するには

「プロフィール」画面の ☰ →「設定とプライバシー」→「ブロック済みのアカウント」をタップすると、ブロックした人の一覧が表示されます。「ブロックを解除」をタップすると解除もできます。

制限する

1 制限したい人のプロフィール画面で
… （Androidの場合は ⋮ ） をタップ
し、「制限する」をタップ。メッセー
ジが表示されたら「アカウントを制
限する」をタップ。

2 「コメント1件を表示」をタップ。

3 制限した場合、その人のコメントは
見えない。他のユーザーにも見えな
い。「コメントを見る」をタップ。

4 公開する場合は「承認」、削除する場
合は「削除」をタップ。

制限とは

特定のユーザーからのコメントを見たくな
いときに使う機能で、他の人のコメントとは
違って、「コメントを見る」をタップしないと読
むことができません。また、相手からのダイレ
クトメッセージが届いたときには、「リクエス
ト」に入るので読まずにすみ、制限を解除する
までは相手の画面に既読が付きません。

▲ダイレクトメッセージは「リクエスト」をタッ
プしないと読めない。

04

Instagramをもっと使いこなして楽しもう

04-17

ペアレンタルコントロールで
子供の利用を制限・管理する

📱 ⁘ 未成年の子供の使い過ぎを防ぐ ⁘

Instagramの利用者は大人が多いですが、有名人の投稿を見るために子供が利用する場合もあります。そこで、18歳未満の子供の利用を、保護者が制限または監視ができる機能を紹介します。なお、ここでの操作は子供のアカウントが18歳未満である必要があります。

ペアレンタルコントロールを設定する

1 保護者のスマホで、「プロフィール」画面右上の☰→「設定とプライバシー」→「ペアレンタルコントロール」をタップ。

2 「開始する」をタップ。

⚠️ **Check ペアレンタルコントロールとは**

18歳未満の子供のInstagramの利用を制限および監視できる機能です。子供が何時間まで利用できるようにするかと、利用不可の時間帯を設定できます。また、フォロワーとフォローも確認できます。なお、13歳未満はInstagramを利用することはできません。

3 「リンクを共有」をタップしてSNSまたはメールで子供に送る。

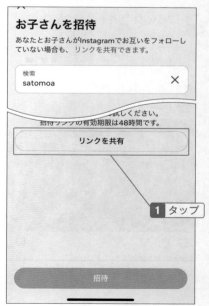

子供がリクエストを許可する

1 子供のスマホで、メールで送られてきたリンクをタップして画面を表示させ、「次へ」をタップ。

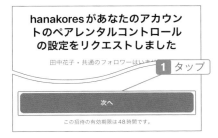

hanakores があなたのアカウントのペアレンタルコントロールの設定をリクエストしました

田中花子・共通のフォロワーはい

1 タップ

次へ

この招待の有効期限は 48 時間です。

2 スクロールして読み、「許可する」をタップ。

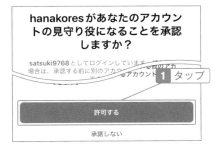

hanakores があなたのアカウントの見守り役になることを承認しますか？

satsuki9768 としてログインしています
場合は、承認する前に別のアカウ　　　　　　のアカ

他のアカウント **1** タップ

許可する

承諾しない

3 ペアレンタルコントロールを設定した。

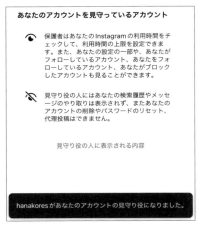

あなたのアカウントを見守っているアカウント

👁 保護者はあなたの Instagram の利用時間をチェックして、利用時間の上限を設定できます。また、あなたの設定の一部や、あなたがフォローしているアカウント、あなたをフォローしているアカウント、あなたがブロックしたアカウントも見ることができます。

👁‍🗨 見守り役の人にはあなたの検索履歴やメッセージのやり取りは表示されず、またあなたのアカウントの削除やパスワードのリセット、代理投稿はできません。

見守り役の人に表示される内容

hanakores があなたのアカウントの見守り役になりました。

親が子供の利用時間を制限する

1 「プロフィール」画面で、右上の ☰ →「設定とプライバシー」→「ペアレンタルコントロール」をタップすると、子供のアカウントが表示されるのでタップ。「時間制限の管理」をタップ。

satsuki9768
さつき・Instagram
ペアレンタルコントロール設定日: 2023/11/21

Instagramの利用時間

1日平均0分

全デバイスにおけるお子さんの1日のInstagram利用時間です。この指標は開発中です。詳しくはこちら

木　金　土　日　月　火　今日

時間制限の管理

1 タップ

2 1日の利用時間と、Instagramを利用できない時間を設定できる。

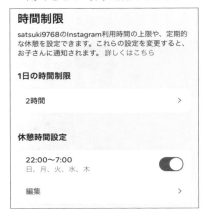

時間制限

satsuki9768のInstagram利用時間の上限や、定期的な休憩を設定できます。これらの設定を変更すると、お子さんに通知されます。詳しくはこちら

1日の時間制限

2時間　　　　　　　　　　　　　　　 ＞

休憩時間設定

22:00〜7:00
日、月、火、水、木　　　　　　　　 ⬤

編集　　　　　　　　　　　　　　　 ＞

04-18

おすすめユーザーに
表示されないようにする

📱 リアルの知り合いに見られたくない人は必須の設定

誰かをフォローすると、関連する人がおすすめとして表示されます。もし、自分が他の人のInstagramにおすすめとして表示されたくない場合は、設定を変更しましょう。なお、この設定はInstagramアプリではできないので、ブラウザーでログインして設定します。

同じようなアカウントのおすすめをオフにする

1 ブラウザーアプリを起動する。ここでは最初からiPhoneに入っている「Safari」をタップ。

1 タップ

2 Instagramのサイト https://www.instagram.com にアクセスし、「ログイン」をタップ。

One Point
ブラウザーアプリで
アクセスするには

ブラウザーで「Instagram」を検索してアクセスする場合、タップするとInstagramアプリが開いてしまうので、検索結果に表示されたリンクを長押しし、「新規タブで開く」をタップします。操作しづらい場合はパソコンを使ってください。

3 Instagramのアカウントの電話番号、ユーザーネーム、メールアドレスのいずれかを入力し、パスワードを入力。「ログイン」をタップ。

4 ログイン情報を保存するかどうかのメッセージが表示されたら「後で」をタップ。

5 ログインした。

6 「プロフィール」をタップし、「プロフィールを編集」をタップ。

7 「プロフィールにアカウントのおすすめを表示する」のチェックをはずし、「送信する」をタップ。

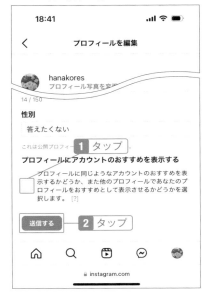

04-19

推測されにくいパスワードにして 不正ログインを防ぐ

> 乗っ取りを防ぐためにも推測されにくいパスワードに変更しよう

まさか乗っ取られることはないだろうと思うかもしれませんが、Instagramでも意外と起きているので、簡単なパスワードにしないように気を付けてください。推測されやすいパスワードにしている場合は早めに変更しておきましょう。

パスワードを変更する

1 プロフィール画面で、画面右上の ☰ をタップし、「設定とプライバシー」をタップ。

2 「アカウントセンター」をタップ。

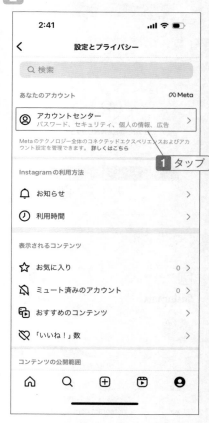

3 「パスワードとセキュリティ」をタップ。

アカウント設定

○	パスワードとセキュリティ	>
👤	個人の情報	>
🔒	あなたの情報とアクセス許可	>
📢	広告表示の設定	>
🗃	支払い	>

1 タップ

4 「パスワードを変更」をタップ。

パスワードとセキュリティ

ログインとリカバリー
パスワード、ログイン設定、リカバリー方法を管理できます。

パスワードを変更	>
二段階認証	>
保存済みのログイン情報	

1 タップ

セキュリティチェック
アプリ、デバイス、送信されたメールのチェックを実行することで、セキュリティ上の問題を確認できます。

ログインの場所	>
ログインアラート	>
最近のメール	📷 >
セキュリティの確認	📷 >

5 アカウントをタップ。

パスワードを変更

変更するアカウントを選択してください。

1 タップ

| 🐵 hanakores
📷 Instagram | > |

6 現在のパスワードを入力し、新しいパスワードを2か所に入力。その後「パスワードを変更」をタップ。

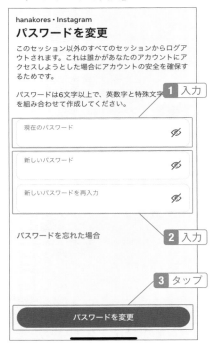

hanakores・Instagram
パスワードを変更

このセッション以外のすべてのセッションからログアウトされます。これは誰かがあなたのアカウントにアクセスしようとした場合にアカウントの安全を確保するためです。

パスワードは6文字以上で、英数字と特殊文字を組み合わせて作成してください。 **1 入力**

現在のパスワード	Ø
新しいパスワード	Ø
新しいパスワードを再入力	Ø

パスワードを忘れた場合 **2 入力**

3 タップ

パスワードを変更

二段階認証を設定する

二段階認証は、パスワードだけでなく、SMSや認証アプリを併用してログインする方法です。万が一パスワードを知られてもログインされてしまうことを防ぐことができます。設定するには、手順4で「二段階認証」をタップしてください。

04

Instagramをもっと使いこなして楽しもう

159

04-20

知り合いにInstagramの投稿を見られないようにする

 連絡先の同期をオフにする

アカウントを作成したときに、スマホに登録している連絡先と同期するように設定した人もいるでしょう。連絡先に登録している氏名やメールアドレス、電話番号を元に、Instagramでつながる場合があります。気まずい場合は、連絡先と同期しないように設定しておきましょう。

連絡先の同期をオフにする

1 「プロフィール」画面で☰をタップし、「設定とプライバシー」→「アカウントセンター」→「あなたの情報とアクセス許可」をタップ。

OnePOINT 「連絡先の同期」とは

連絡先の同期とは、スマホに登録している連絡先をInstagramにつなげることです。相手も「連絡先の同期」をオンにしていると、「おすすめ」として表示されることがあります。知り合いに投稿を見られたくない場合は、連絡先の同期をオフにしておきましょう。

3 「連絡先をリンク」をオフにする。

2 「連絡先をアップロード」をタップ。

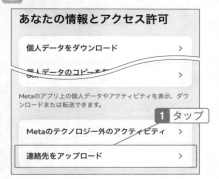

04-21

通信量を抑える

> インスタを始めたら通信制限がかかったという人は設定しよう

スマホの契約プランによっては、使用量が増えると通信速度が制限される場合もあります。
Instagramには、データの使用量を節約するための設定があるので紹介しましょう。ただし、
この設定によって写真や動画の読み込み時間が長くなる場合があります。

モバイルデータの節約を設定する

1 「プロフィール」画面で≡をタップ
し、「設定とプライバシー」→「メディ
アの画質」(Androidは「データ利用
とメディア品質」)をタップ。

2 「モバイルデータを節約」(Android
の場合は「データ節約モード」)をオ
ンにする。

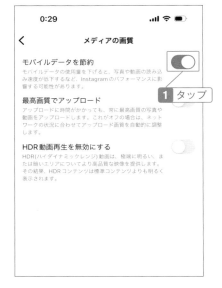

通信量を抑えるには

Wi-Fi以外の回線でいろいろな人の投稿を見
ていると、スマホのデータ使用量を圧迫します。
そうなると、プランによっては速度制限がかか
り、他のアプリが使いづらくなってしまいま
す。Instagramの設定で「モバイルデータを節
約」を設定すると、データ使用量を抑えること
ができ、特に動画の再生時に効果があります。

04

Instagramをもっと使いこなして楽しもう

161

SECTION

04-22

検索したユーザーやキーワードを削除する

📱 興味のない投稿がおすすめに増えてきたときに試そう

Instagramでは、検索したユーザーやキーワードを履歴を使って見ることができます。次回の検索候補として表示されるのでとても便利ですが、残しておきたくない人もいるでしょう。検索履歴をすべて削除することも、ユーザーやキーワードを個別に削除することもできます。

検索履歴を削除する

1　画面下部の「検索」をタップ。

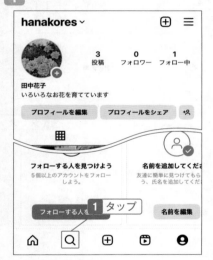

2　検索ボックスをタップし、削除する人やワードの×をタップ。「すべて見る」をタップ。

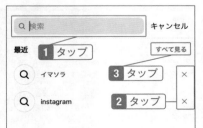

3　「最近の検索」が表示される。すべて削除する場合は「すべてクリア」をタップ。

 「最近の検索」画面を表示するには

「プロフィール」画面で☰をタップし、「アクティビティ」→「最近の検索」からも表示できます。

162

04-23

これまでのデータを保存する

📱 ╱ 投稿写真やコメントなどをまとめて保存できて便利

投稿した写真や動画の他、コメント、ダイレクトメッセージなどをまとめてダウンロードして保存しておくことが可能です。ダウンロードしておけば、たとえInstagramの利用を止めてもこれまでの写真や動画をいつでも見ることができます。

ダウンロードをリクエストする

1 「プロフィール」画面で≡をタップし、「アクティビティ」→「個人データをダウンロード」→「情報をダウンロードまたは転送」をタップ。

3 配送方法をタップしてメールアドレスを入力し、ダウンロードするかGoogle Driveに転送するかを選択する。次の画面で「ファイルを作成」をタップ。

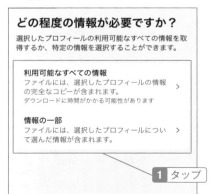

2 ダウンロードする情報を選択。コンテンツやメッセージだけにする場合は「情報の一部」をタップして選択する。

 すぐにはダウンロードできない

データが送られてくるまでに最大14日間かかる場合があります。データが送られてくると、フィード画面の右上の「お知らせ」に通知が来ます。

04

Instagramをもっと使いこなして楽しもう

Instagramの利用を止める

一時的に停止とアカウント削除がある

多忙でしばらくInstagramができないといった場合などは、退会ではなく、一時的に利用を停止しましょう。そうすれば、始めたいときにいつでも再開できます。もし、この先も使いたくないという場合はアカウントを削除して退会することも可能です。

アカウントを利用解除する

1 「プロフィール」画面右上の ≡ をタップし、「設定とプライバシー」→「アカウントセンター」→「個人の情報」→「アカウントの所有権とコントロール」をタップ。

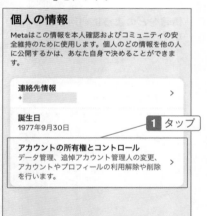

個人の情報

Metaはこの情報を本人確認およびコミュニティの安全維持のために使用します。個人のどの情報を他の人に公開するかは、あなた自身で決めることができます。

連絡先情報
\+ 〉

誕生日
1977年9月30日 **1 タップ**

アカウントの所有権とコントロール
データ管理、追悼アカウント管理人の変更、アカウントやプロフィールの利用解除や削除を行います。 〉

完全にアカウントを削除するには

この先もInstagramを利用しない場合は退会します。手順2で「アカウントの削除」をタップし、「アカウントの削除を続ける」をタップ。理由とパスワードを入力し、「〇〇を削除」をタップします。30日間は復活させることが可能ですが、今までのデータが削除されます（完全に削除されるまでに最大90日かかる場合もある）。前のSECTIONのデータのダウンロードも利用しましょう。

2 「利用解除または削除」をタップし、アカウントをタップ。「アカウントの利用解除」を選択し、「次へ」をタップ。

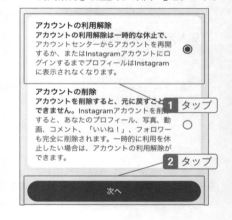

アカウントの利用解除
アカウントの利用解除は一時的な休止で、アカウントセンターからアカウントを再開するか、またはInstagramアカウントにログインするまでプロフィールはInstagramに表示されなくなります。 ◉

アカウントの削除
アカウントを削除すると、元に戻すことできません。Instagramアカウントを削除すると、あなたのプロフィール、写真、動画、コメント、「いいね！」、フォロワーも完全に削除されます。一時的に利用を休止したい場合は、アカウントの利用解除ができます。 ○ **1 タップ**

次へ **2 タップ**

3 パスワードを入力して「次へ」をタップ。続いて理由を選択して進み、「アカウントを利用解除」をタップ。

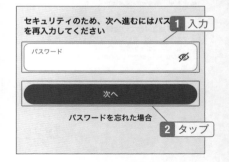

セキュリティのため、次へ進むにはパスワードを再入力してください **1 入力**

パスワード 🚫

次へ

パスワードを忘れた場合 **2 タップ**

流行の話題や今の気持ちを
ひとことでつぶやく
Xをはじめよう

Xは、ユーザーとの交流はもちろん、話題の情報を入手しやすいSNSです。特に災害が発生したときには、テレビやラジオよりも早く情報を収集することができます。その一方で、ひとつの投稿によってお店が閉店したり、就職の内定が取り消されたりなどの炎上騒ぎが起こることがあるのも事実です。それだけXの影響力が大きいと言えます。このChapterでは、Xの使い方と、安心して使うための設定を説明します。

05-01

そもそもXってどんなSNS？

情報収集に欠かせないSNS。トレンドニュースに強く、拡散するのも速い

短い文章や写真などで気軽に投稿できるX。個人だけでなく、有名人や企業も活用しています。旬の話題に強く、ニュースに取り上げられることも度々あります。ここでは、Xがどのようなもので、何ができるかを紹介します。

Xとは

　X（エックス）は、今起きていることや感じていることを投稿して、他のユーザーと交流ができるサービスです。1回の投稿の文字数に、日本語140字（半角英数字280字）という制限がありますが、何気なく投稿したひとことや写真が注目されて、何千人もの人が見に来るといったことがあります。もちろん、公開したくない内容であれば、非公開にして一部の人だけに見せることも可能です。個人だけでなく、企業や行政機関もXを通して、イベント情報や災害情報などをリアルタイムで発信しています。

今みんなが気になる話題を見たり、
伝えたいことを投稿できる

Xでできること

■ポスト

Xでは、投稿のことを「ポスト」と言います。知り合いだけでなく、世界中の人に発信することができます。特定の人だけにポストすることも可能です。

■情報収集

企業や行政機関もXを使っているので、新製品情報や災害情報などをいち早く知ることができます。ポストに「いいね」や返信することが可能です。

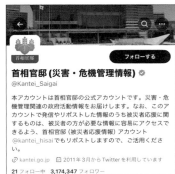

■音声や動画の配信

ラジオのように音声で配信したり、YouTubeのライブのように動画配信もできます。

■ダイレクトメッセージ

他のユーザーに直接メッセージを送ることも可能です。ダイレクトメッセージは他の人には見えないので、公開したくない情報もやり取りできます。

 その他の便利機能

気に入ったポストを登録したり、X上でアンケートを取ったりなどもできます。

流行の話題や今の気持ちをひとことでつぶやくXをはじめよう

05-02

Xの利用登録をする

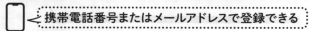

📱 携帯電話番号またはメールアドレスで登録できる

Xのアプリをインストールして登録手続きをしましょう。手続きには携帯電話番号かメールアドレスが必要ですが、携帯電話番号が使用できない場合はメールアドレスを使用してください。

利用登録をしてアカウントを作成する

1 ホーム画面で「X」のアイコンをタップ。

2 「アカウントを作成」をタップ。

3 Xで使う名前を入力し、生年月日をタップして設定。続いて「かわりにメールアドレスを登録する」をタップ。

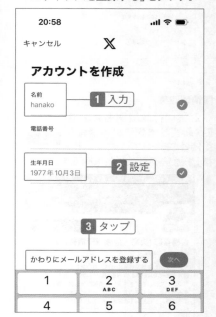

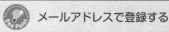 メールアドレスで登録する

手順3で携帯電話番号を入力してもよいのですが、過去に使用された電話番号は使えません。その場合はメールアドレスを使って登録します。

4 メールアドレスを入力し、「次へ」を
タップ。

5 「次へ」をタップ。

環境をカスタマイズする

Xコンテンツを閲覧したウェブの場所を追跡

Xはこのデータを使用して表示内容をカスタマイズします。このウェブ閲覧履歴とともに名前、メール、電話番号が保存されることはありません。

登録すると、Xの利用規約、プライバシーポリシー、Cookie の使用に同意したとみなされます。Xは、シーポリシーに記載されている目的で〜話番号など、あなたの連絡先情報〜

1 タップ

次へ

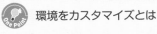

🐬 **One Point** 環境をカスタマイズとは

手順5でオンにすると、ツイッターの閲覧情報をもとに広告が表示されます。オフにした場合は興味のない広告が表示されることがあります。

6 「登録する」をタップ。

7 メールに認証コードが送られるので入力する。

8 任意のパスワードを入力し、「次へ」をタップ。

9 プロフィール画像は後で設定できるので、ここでは「今はしない」をタップ。

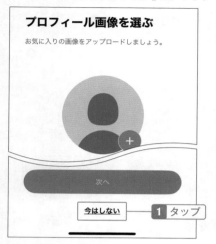

プロフィール画像を選ぶ

お気に入りの画像をアップロードしましょう。

次へ

__今はしない__ —— 1 タップ

10 ユーザー名を入力し、「次へ」をタップ。

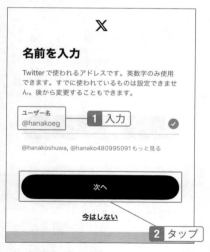

X

名前を入力

Twitterで使われるアドレスです。英数字のみ使用できます。すでに使われているものは設定できません。後から変更することもできます。

ユーザー名
@hanakoeg —— 1 入力 ✓

@hanakoshuwa, @hanako480995091 もっと見る

次へ

今はしない

2 タップ

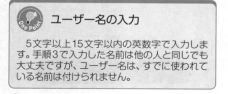

One Point ユーザー名の入力

5文字以上15文字以内の英数字で入力します。手順3で入力した名前は他の人と同じでも大丈夫ですが、ユーザー名は、すでに使われている名前は付けられません。

11 「続ける」をタップ。連絡先へのアクセスは「許可しない」をタップ。

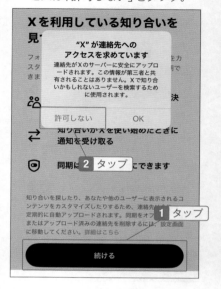

Xを利用している知り合いを見...

**"X" が連絡先への
アクセスを求めています**

連絡先がXのサーバーに安全にアップロードされます。この情報が第三者と共有されることはありません。Xで知り合いかもしれないユーザーを検索するために使用されます。

| 許可しない | OK |

知り合いがXを使い始めたときに
通知を受け取る

同期に 2 タップ にできます

知り合いを探したり、あなたや他のユーザーに表示されるコンテンツをカスタマイズしたりするため、連絡先が... 定期的に自動アップロードされます。同期をオフ... 1 タップ
またはアップロード済みの連絡先を削除するには、設定画面に移動してください。詳細はこちら

続ける

12 興味のある話題を3つ以上選んでタップ。

音楽	ゲーム
食べ物	アニメ・漫画
ファッション・ビューティー	エンターテインメント ✓
スポーツ	アウトドア
旅行 ✓	アート・カルチャー
ライフスタイル ✓	ビジネス・金融
テクノロジー	フィットネス
キャリア	科学

よくできました

1 タップ

170

13 さらに細かく選択する場合はタップ。

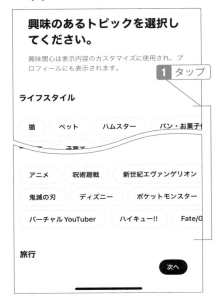

興味のあるトピックを選択してください。

興味関心は表示内容のカスタマイズに使用され、プロフィールにも表示されます。

`1 タップ`

ライフスタイル

猫　　ペット　　ハムスター　　パン・お菓子

子育て

アニメ　　呪術廻戦　　新世紀エヴァンゲリオン

鬼滅の刃　　ディズニー　　ポケットモンスター

バーチャル YouTuber　　ハイキュー!!　　Fate/G

旅行

次へ

14 フォローする人を1人以上タップして「次へ」をタップ。

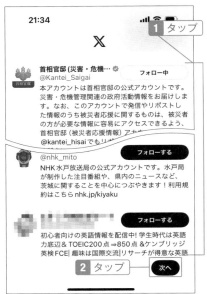

21:34

X

`1 タップ`

首相官邸 (災害・危機… ✓　　フォロー中
@Kantei_Saigai

本アカウントは首相官邸の公式アカウントです。災害・危機管理関連の政府活動情報をお届けします。なお、このアカウントで発信やリポストした情報のうち被災者応援に関するものは、被災者の方が必要な情報に容易にアクセスできるよう、首相官邸（被災者応援情報）アカウント@kantei_hisai でもリ

@nhk_mito　　フォローする

NHK水戸放送局の公式アカウントです。水戸局が制作した注目番組や、県内のニュースなど、茨城に関することを中心につぶやきます！利用規約はこちら nhk.jp/kiyaku

フォローする

初心者向けの英語情報を配信中！学生時代は英語力底辺＆TOEIC200点⇒850点＆ケンブリッジ英検FCE| 趣味は国際交流|リサーチが得意な英語

`2 タップ`　　次へ

15 「今はしない」をタップ。

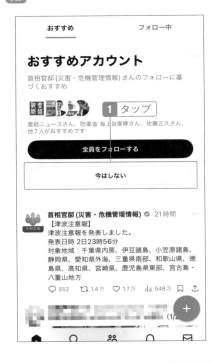

おすすめ　　　　　フォロー中

おすすめアカウント

首相官邸 (災害・危機管理情報) さんのフォローに基づくおすすめ

`1 タップ`

産経ニュースさん、防衛省 海上自衛隊さん、佐藤正久さん、他7人がおすすめです

全員をフォローする

今はしない

 首相官邸 (災害・危機管理情報) ✓・21時間
【津波注意報】
津波注意報を発表しました。
発表日時 2日23時56分
対象地域：千葉県内房、伊豆諸島、小笠原諸島、静岡県、愛知県外海、三重県南部、和歌山県、徳島県、高知県、宮崎県、鹿児島県東部、宮古島・八重山地方

♡ 552　　⇄ 1.4万　　♡ 1.7万　　ᐧ�823 548万　　🔖 ⬆

(1/2

＋

⚠ ログアウトするには

　基本的に、Xからログアウトする必要はありませんが、しばらく使わない場合や他人にスマホを貸す場合はログアウトできます。「ホーム」画面左上のプロフィール画像をタップし、「設定とサポート」→「設定とプライバシー」→「アカウント」→「アカウント情報」をタップし、最下部にある「ログアウト」をタップします。

21:35

← **アカウント**
@hanakoeg

ユーザー名	@hanakoeg >
電話番号	追加する >
メールアドレス	@gmail.com >
国	日本 >

お住まいの国を選択してください。詳細はこちら

ログアウト

05

流行の話題や今の気持ちをひとことでつぶやくXをはじめよう

171

05-03

プロフィールを設定する

📱 ⤙ プロフィール画像はX上の顔。背景画像も設定しておく

ポストするときやメッセージを送るときなど、各所にプロフィール画像が入ったアイコンが表示されます。そのため、デフォルトのままにせず、写真やイラストなどを設定しましょう。また、プロフィール画面も他のユーザーが見るので、背景画像を設定して見栄え良くしましょう。

プロフィール画像とカバーを設定する

1 画面左上にある自分のプロフィール画像をタップ。

2 メニューの「プロフィール」をタップ。

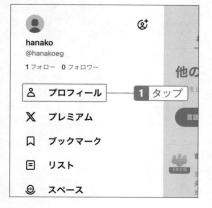

> **One Point** プロフィールを設定済みの場合
>
> すでにプロフィールを設定している場合は、手順3で「編集」（Androidの場合は「プロフィールを編集」）ボタンが表示されます。

3 プロフィール画面が表示されるので、「プロフィールを入力」をタップ。

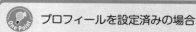

4 「＋」をタップして写真を選択する。写真へのアクセスについてのメッセージが表示されたらアクセスを許可する。

5 写真をタップ。

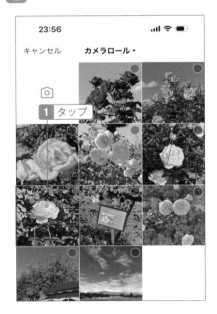

6 ピンチアウトして必要な部分のみにし、「適用」（Androidの場合は「適用する」）をタップ。

7 「完了」（Androidは「保存」）をタップ。

8 「次へ」をタップ。

9 手順3で「アップロード」をタップ
（Androidの場合は「アップロード」
をタップし、「フォルダから画像を
選択」）して、写真を選択。

10 ピンチアウト（イン）またはドラッ
グして必要な部分を囲み、「適用」
（Androidの場合は「適用する」）を
タップ。

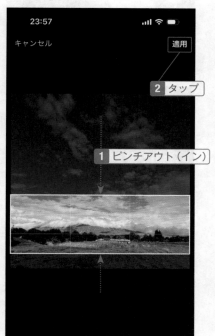

11 「完了」（Androidは「保存」）をタッ
プ。

12 背景を設定した。「次へ」をタップ。

13 自己紹介文を入力し、「次へ」をタッ
プ。

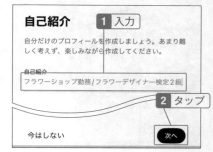

14 「今はしない」をタップ。

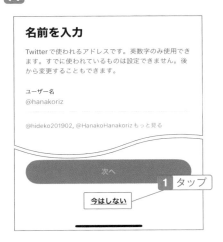

15 居住地を設定し「次へ」をタップ。通知についてのメッセージが表示されたら「許可」をタップ。

16 「保存」をタップ。

17 プロフィールを設定した。「←」をタップしてホーム画面に戻る。

後からプロフィールを変更するには

プロフィール画像や自己紹介文を後から変更したい場合は、手順17の画面で「編集」（Androidの場合は「プロフィールを編集」）をタップします。

名前とユーザー名

手順17のプロフィール画像の下にあるのが名前で、名前の下にあるのがユーザー名です。ユーザー名は、SECTION05-08のメンションで使います。別のユーザー名にしたい場合は、「ホーム」画面で左上のプロフィール画像をタップし、「設定とサポート」→「設定とプライバシー」→「アカウント」→「アカウント情報」の画面で変更してください。

SECTION

05-04

Xの画面構成

📱 **まずは「ホーム」の画面構成を確認する**

Xの画面を開くと、いろいろなアイコンや写真などが表示されています。始めたばかりの人はよくわからないかもしれません。まずは、自分や他の人の投稿が表示される「ホーム画面」について、構成やアイコンの意味を把握しておきましょう。

ホーム画面

❶ **プロフィール画像**:メニューを表示する

❷ 自分の投稿とフォローした人のポストがタイムラインとして表示される

❸ 最新ポスト表示に切り替えたり、コンテンツの設定をする

❹ おすすめとフォローしている人の投稿を切り替える

❺ 🖊:ポストを投稿する

❻ 🏠:ホーム画面を表示する

❼ 🔍:ポストやユーザーを検索する

❽ コミュニティを表示・作成する

❾ 🔔:いいねや新しいポストがあったときに表示される

❿ ✉:直接メッセージを送れる

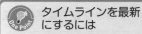

One Point
タイムラインを最新にするには

ホーム画面の中央を下方向へスワイプすると、更新されて新しいポストが表示されます。

❶ プロフィール画面を表示する

❷ アカウントの切り替えと作成ができる

❸ 自分の名前

❹ 自分のユーザー名

❺ フォローしている人とフォローされている人数

❻ 各機能を選択できる

❼ ダークモードやテーマを設定できる

05

流行の話題や今の気持ちをひとことでつぶやくXをはじめよう

 Xの有料プラン

Xは無料で使えますが、長文の投稿や編集ができる有料プランもあります。「ベーシック」「プレミアム」「Xプレミアムプラス」があり、料金と内容が異なります。メニューの「プレミアム」から申し込むことができますが、スマホのXアプリよりパソコンまたはブラウザアプリでアクセスして申し込んだ方が割安になります。また、年払いにするとお得です。

 解説で使用している画面

ここでは執筆時点での画面で解説しています。実際の画面と異なる場合がありますのでご了承ください。

ポストを検索する

> キーワードだけでなく、日付の期間でも検索できる

X上には、多くの著名人や企業の投稿がたくさんあります。気になることがあったら、検索してみましょう。人の名前でも物の名前でも、どんなキーワードでもかまいません。旬の情報や役立つ情報、さまざまなことを得られるはずです。

気になるポストを探す

1 🔍 をタップ。

2 キーワードを入力し、「検索」(Androidの場合は 🔍) をタップ。

3 キーワードが含まれたポストが表示される。「最新」をタップすると最新の投稿、「ユーザー」をタップするとキーワードが含まれたユーザーを表示する。

写真や動画を探したいときは

手順3の画面で上部にある「画像」や「動画」のタブをタップすると、写真や動画が含まれた投稿だけが表示されます。

投稿日の期間を指定して検索する

1 「〇月〇日から」を検索するには、キーワードを入力した後に半角スペースと「since:」を入力した後に、年月日を-で区切って入力。

2 「〇月〇日まで」を検索するには、半角スペースを入力し、「until:」を入力した後に、年月日を-で区切って入力。

特定のユーザーのポストからキーワードで検索する

1 ユーザーのホーム画面上部にある 🔍 をタップ。

2 キーワードを入力して、そのユーザーのポストからキーワードが含まれたポストを検索。

 その他の検索

「キーワード @ユーザーID」 そのユーザーのポストとユーザーへのリプライやメンションを含めて検索する
「キーワード -〇〇〇」 〇〇〇を除外したポストを検索する
「キーワード min_faves：10000」 10000以上いいねが付いたポストを検索する

他の人のポストに「いいね」を付ける

┌─ いいねを付けた一覧は他のユーザーに見られる ─┐

他の人のポストで、面白いと思ったり、共感したときには、「いいね！」を付けてみましょう。「いいね」を付けると赤いハートマークが付きます。ただし、「いいね」を付けたポストは一覧で表示され、他のユーザーも見るということを覚えておきましょう。

「いいね」を付ける

1 「いいね」を付けたい投稿で ♡ を
タップ。

2 「いいね」を付けた。再度タップすると「いいね」を取り消すことができる。

 「いいね」を付けたポストを確認するには

プロフィール画面で「いいね」タブをタップすると、いいねを付けたポストが一覧で表示されます。これは自分だけでなく、他の人も見ることができ、他の人の「いいね」もその人のプロフィール画面で見ることができます。もし、自分用に登録したい場合はブックマーク（SECTIN05-15）を使用してください。

05-07

興味のあるユーザーをフォローする

📱 〜 フォローすればタイムラインにその人のポストが流れてくる

Xでは、興味のあるユーザーがいたらフォローします。フォローした人が新しい投稿をすると、自分のタイムラインに表示されるので読み飛ばすことが少なくなります。フォローが増えてきた場合は、SECTION05-14の「リスト」を使ってください。

フォローする

1️⃣ 興味のある人のプロフィール画面で「フォローする」をタップ。

2️⃣ 「フォロー中」になった。「フォロー中」をタップするとフォローを解除できる。

05

流行の話題や今の気持ちをひとことでつぶやくXをはじめよう

 フォロー・フォロワーとは

　他のユーザーを登録することを「フォローする」と言い、自分を登録している人を「フォロワー」と言います。誰をフォローして、誰にフォローされているかは、プロフィール画面（メニューの「プロフィール」をタップ）の「フォロー」または「フォロワー」をタップして確認することが可能です。なお、フォローすると相手にフォローしたことが伝わります。また、誰をフォローしているかは、非公開のアカウントでない限り、他のユーザーも見られるようになっています。

Xに投稿する

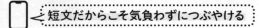 短文だからこそ気負わずにつぶやける

Xでは、投稿を「ポスト」と言います。1つのポストに、140字（半角英数字280字）という制限がありますが、ブログのようにまとまった文章を投稿する必要がないので、今見ているものや行ったところの感想、気持ちなど、気軽なひとことから始めてみましょう。

ポストする

1 「ホーム」をタップし、右下にある「＋」（Androidの場合は「＋」をタップして ⚪) をタップ。

2 投稿する内容を入力する。

ポストとは

Xでは、投稿のことを「ポスト」と言います。ポストできる文字数は140字（半角英数字は280字）、画像4枚までです。動画は140秒まで入れられます。長文になる場合は、分けて投稿してください。あるいは、有料のプレミアムにすると25,000文字まで投稿可能です。

なお、残り20字（Androidは10字）になると手順2の右下に文字数が表示されます。

3 写真や動画（140秒まで）を入れる
場合は🖼をタップ。

4 写真をタップし、「追加する」をタップ。

5 「ポストする」をタップ。

流行の話題や今の気持ちをひとことでつぶやくXをはじめよう

One Point 下書き保存

途中まで作成して、手順5の画面左上にある
「キャンセル」（Androidの場合は「×」）をタッ
プすると保存できます。続きを入力するには、
手順2の画面上部に「下書き」とあるのでタッ
プして再開します。

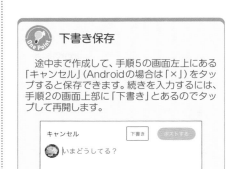

メンションを使う

1 文章を入力した後、半角の「@」を入力。

1 入力

メンションとは

投稿の中で、ユーザー名の前に「@」を付けると、そのユーザーに通知が届きます。たとえば、「今日は山田さんとランチです。」という文章の場合、「今日は@xxxxxx（山田さんのユーザー名）さんとランチです。」と入力すると、山田さんに通知が届き、気づいてもらえます。

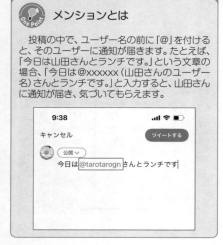

---

2 ユーザー名を入力すると候補が表示されるのでタップ。

1 入力

2 タップ

---

3 青字で表示されたことを確認する。

1 確認

---

4 文章を完成させて「ポストする」をタップ。

1 タップ

184

1 文章を入力した後、改行する。

2 半角の「#」を入力してキーワードを入力。複数入力する場合は間に半角スペースを入力する。その後「ポストする」をタップ。

3 投稿に表示されているハッシュタグをタップすると、同じハッシュタグの投稿が表示される。

05

流行の話題や今の気持ちをひとことでつぶやくXをはじめよう

05-09

長文をポストする

 140字では収まらないときはスレッドにする

Xを無料で利用している人が、1つのポストに入力できるのは140字までです。長文を入力したい場合は、スレッドという機能を活用してください。ポストが連なって表示されるので読みやすくなります。

ポストをスレッドにする

1 1つ目のポストを入力し、右下の ⊕ をタップ。

2 2つ目のポストを入力し、「すべてポスト」をタップ。

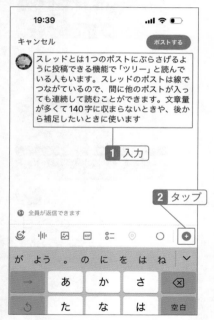

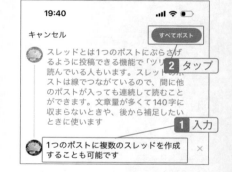

3 自分のプロフィール画像をタップしてプロフィール画面を表示すると、ポストが連なって表示されている。

 スレッドとは

無料版では1つのポストに140字までなので、それ以上の文字数になる場合はスレッド機能を使います。スレッドとして投稿したポストは線でつながっているので、間に他の投稿が入っても連続して読むことができます。

スレッドにポストを追加する

1 ポストをタップ。

1 タップ

2 ぶらさがっているポストの ▢ をタップ。

1 タップ

3 入力して「ポストする」をタップ。

2 タップ

1 入力

別のスレッドにするには

手順2で最初のポストの ▢ をタップして投稿すると1つのポストに別のスレッドを作成することができます。

流行の話題や今の気持ちをひとことでつぶやくXをはじめよう

SECTION

05-10

ポストに返信できるユーザーを制限する

📱 見知らぬ人から返信されたくないときに設定する

Xに投稿すると、タイムラインに表示されていろいろな人がポストを見ます。なかには嫌がらせのコメントをする人もいるかもしれません。もし特定の人だけに返信してもらいたい場合は設定を変えてポストしてください。

フォローしている人だけが返信できるようにする

1 SECTION05-09の手順1で、「全員が返信できます」をタップ。

2 「フォローしているユーザー」をタップして投稿する。

ポストに返信できるユーザーを制限する

デフォルトでは全員が返信できますが、特定の人だけが返信できるように設定を変えられます。「認証済みアカウント」は認証バッジがついているユーザーのみ、「フォローしているユーザー」を選択するとフォローしている人のみ、「あなたが@ポストしたアカウントのみ」にすると、メンションした人のみが返信できます。なお、次回も同じ設定になるので、ポストする際に「全員」に戻してください。

投稿したポストを取り消す

📱 ─< 無料ユーザーはポストを編集できないので注意

間違えてポストした場合や内容を修正したい場合、無料で利用しているユーザーは編集することができません。気まずいポストの場合は削除して再ポストしてください。ただし、何度も削除を繰り返していると不審に思われることもあるので気を付けましょう。

ポストを削除する

1 ポストの右上にある⋯をタップし、「ポストを削除」をタップ。

 ポストを編集するには

無料で利用しているユーザーは、ポストを編集することができません。間違えて投稿した場合は、訂正のポストを投稿するか一旦削除してから再ポストしてください。有料のプレミアムは編集できます。

2 「削除」をタップ。

他の人のポストに返信する

📱 ╱ X特有の返信機能を覚えよう ╲

Xでは、投稿されたポストにひとこと書きたいとき、返信機能を使います。その際、お互いのフォロワーのタイムラインに表示される場合があるので気を付ける必要があります。また、第三者に通知が届いて困るケースがあるので紹介しましょう。

リプライする

1 返信したいポストの 💬 をタップ。

2 メッセージを入力し「ポストする」（Androidの場合は「返信」）をタップ。

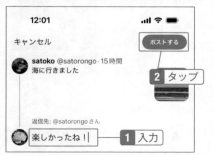

3 返信した。相手には通知が届く。

 返信とは

　他の人の投稿に感想や意見を書き込むときに返信（リプライ）を使いますが、他のSNSのコメントとは異なります。たとえば、Instagramの投稿にコメントすると、投稿者に通知が届くだけで、他の人には通知されません。一方、Xのポストは両者をフォローしている人のタイムラインに表示される場合があるため、読まれる可能性があります。また、プロフィール画面の「返信」タブで、いつでも読めます。そのため、気まずい内容を書き込まないようにしましょう。

返信先を変更して返信する

1 返信先に別の人が含まれている場合、「返信先」をタップ。

⚠ 巻き込みリプ

無関係な人を巻き込んで返信することを「巻き込みリプ」と呼んでいます。たとえば、メンション（@ユーザー名）が入っているポストに、そのまま返信すると、メンションされている人にも通知が届き、その人には無関係な内容であっても通知されます。また、タイムラインに流れてきた返信ポストにそのまま返信すると、2人に返信してしまいます。そのような場合、第三者を除外して返信しましょう。

2 第三者のチェックをはずし、「完了」をタップ。

3 返信先を確認して「ポストする」（Androidの場合は「返信」）をタップ。

💡 会話から退出する

大量の返信がある場合は、会話から退出すると巻き込みリプを避けられます。ポスト内に「@ユーザー名」は残りますが、青字から黒字になってタップができなくなり、今後返信があっても通知が届かなくなります。ポストの ⋯（Androidは □）をタップし、「この会話から退出」をタップすると、メッセージが表示されるので「この会話から退出」をタップします。ポストのメンションが、青字から黒字に変わったことを確認してください。

流行の話題や今の気持ちをひとことでつぶやくXをはじめよう

191

05-13

他の人のポストを再投稿する

📱 ⤙「これは！」というポストがあったら拡散しよう

誰かのポストに共感して、他のユーザーにも広めたいと思ったときには、再投稿しましょう。投稿のみを転送する「リポスト」と、コメントを付けられる「引用」があるので、両方を説明します。

リポストする

1 興味がある投稿を表示し、⤴をタップ。

2 「リポスト」をタップ。

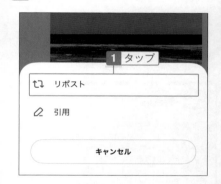

3 リポストしてアイコンが緑になる。フォロワーのタイムラインにも表示される。

リポストと引用とは

他の人の投稿を自分のアカウントから発信する方法として、「リポスト」と「引用」があります。他の人の投稿をそのまま再投稿する場合は「リポスト」、コメントを付けて再投稿する場合は「引用」を使います。ただし、非公開にしているユーザーのポストはリポストできません。

引用ポストする

1 興味がある投稿を表示し、🔁をタップ。

2 「引用」をタップ。

3 コメントを入力し、「ポストする」（Androidの場合は「リポスト」）をタップ。

4 元の投稿は枠線で囲まれる。フォロワーのタイムラインにもコメントと一緒に表示される。

> ⚠ **リポストで気を付けること**
>
> 面白い記事や感動する記事は、リポストによって次から次へと広がります。そのため、場合によっては間違った情報が広まってしまったり、特定の人や企業に迷惑がかかることもあります。リポストする前に、「本当に、自分が広める必要があるのか」一呼吸おいてから投稿するようにしましょう。

05-14

リストを作成して
興味のあるユーザーを登録する

📱 ⤻ フォローしていなくても追加でき、非公開のリストも作れる

フォローが増えてくると、目的のポストを見落としがちです。そこでお気に入りのユーザーをまとめられるリストを使いましょう。リストを非公開設定にすれば、追加したことは相手に通知されません。作成したリストに後からユーザーを追加したり、除外したりも自由です。

リストを作成する

1 画面左上のプロフィール画像をタップし、メニューの「リスト」をタップ。

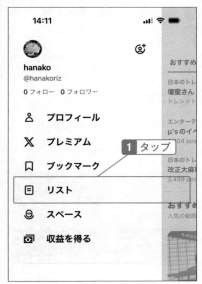

2 📋 をタップ。

One Point リストとは

フォローしているユーザーが増えてくると、見つけづらくなることがあります。そこで、グループ化できるのが「リスト」です。リストを使って分類すればユーザーを探しやすくなります。フォローしていないユーザーを登録することも可能です。また、公開にすると、追加した相手に通知が届くので、気まずい場合は非公開にしましょう。

3 リスト名と説明を入力し、リストを人に知られたくない場合は「非公開」をオンにして「作成」をタップ。上部で画像も設定するとわかりやすい。

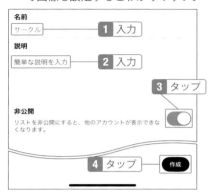

4 追加するユーザーがあれば「追加する」をタップし、「完了」をタップ。

ユーザーをリストに追加する

1 リストに追加したい人のプロフィール画面を表示し、右上の ⋯ （Androidの場合は ⋮ ）をタップして、「リストへ追加または削除」（Android の場合は「リストに追加／削除」）をタップ。

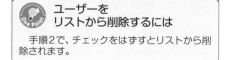

ユーザーをリストから削除するには

手順2で、チェックをはずすとリストから削除されます。

2 タップしてチェックを付け、「←」をタップ。

他のユーザーのリストを見るには

手順1で「リストを表示」をタップすると相手が公開しているリストの一覧が表示されるので、タップして見ることができます。「フォローする」をタップして、他の人のリストを登録することも可能です。

1 画面左上のプロフィール画像をタップし、「リスト」をタップ。

3 ピン留めした。

2 ピン留めするリストの 🀫 をタップ。

4 「ホーム」画面の上部にタブで表示される。複数の場合は、タブを横にスワイプすると表示される。

 ピン留めを解除するには

ピン留めするときと同様に、手順2の画面の「自分のリスト」にある「ピン」アイコンをタップすると解除できます。

196

リストを削除する

1 画面左上のプロフィール画像をタップし、「リスト」をタップ。	**3** 「リストを編集」をタップ。

2 削除するリストをタップ。

4 「リストを削除」をタップして「削除」をタップ。

💡 **One Point**
リスト名の変更や追加した ユーザーを確認するには

手順4の画面で、リストの名前を変更したり、「メンバーを管理」をタップして、追加したユーザーの確認または削除ができます。編集したら、忘れずに「保存」ボタンをタップしましょう。

05-15

ブックマークに気に入ったポストを登録する

📱 **ブックマークなら他の人に知られることなく、自分用として登録できる**

「面白い内容のポスト」「綺麗な写真が載ったポスト」などは何度も見たくなります。ですが、再度見たいと思っても、次から次へと新しい投稿が入るので探すのに苦労するはずです。そこで、「ブックマーク」を使うと、次回見るときに探さなくてもすみます。

ブックマークに追加する

1 登録したいポストを表示し、🔖 をタップ。

2 アイコンが青になり、ブックマークに追加された。

 ブックマークとは

SECTION05-06の「いいね」でも後からポストを読み返せますが、投稿者をはじめ、他の人にも登録したことがわかります。他の人に知られずに登録しておきたいときには「ブックマーク」を使います。自分のポストも、何度も見返すものがあれば追加しておきましょう。

ブックマークを開く

1 左上のプロフィール画像をタップし、メニューの「ブックマーク」をタップ。

2 ブックマークしたポストが表示された。

ブックマークを解除する

1 削除したいポストの 🔖 をタップ。

2 ブックマークを解除した。

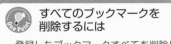

すべてのブックマークを削除するには

登録したブックマークすべてを削除したい場合は、手順2のブックマーク一覧で、右上にある ・・・ （Androidの場合は ⓘ ）をタップして「ブックマークをすべて削除」をタップします。

05-16

アンケートを使って質問する

📱 自分では決められないことを聞いたり、ちょっとした調査に使える

実は、X 上でアンケートを取ることができます。みんなに聞いてみたいことや知りたいことがあったら活用しましょう。X のアンケートフォームなら、高度な知識がなくても容易に作れます。アンケート結果を見るのも簡単です。

アンケートを取る

1 「ホーム」をタップし、「＋」をタップ。

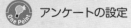

2 ≡ボタンをタップ。

3 質問と回答、投票期間を設定し、「ポストする」をタップ。

One Point アンケートの設定

回答は4つまで設定できます。3つめは、手順3で右下にある「＋」をタップして追加してください。また、「投票期間」をタップすると、最長7日までのアンケートの実施期間を設定できます。

4 アンケートを投稿した。回答終了までの残り時間が表示されている。

アンケートに答える

アンケートを答える側は、選択肢をタップするだけです。回答すると現在の結果を見ることができます。

アンケート結果を見る

1 回答をタップすると割合が表示される。終了前はグレーの棒グラフになっている。

2 投票期間が終わると青の棒グラフで結果が表示される。

05

流行の話題や今の気持ちをひとことでつぶやくXをはじめよう

201

ダイレクトメッセージを送る

DMなら個人的なことも話せる

他のユーザーに伝えたいことがある場合、ポストに返信するとすべてのユーザーに見えてしまうので、個人的なことや仕事の依頼などは困るでしょう。そこで、ダイレクトメッセージを使うと、他の人には見えないメッセージを送ることができます。

特定の人とメッセージでやり取りする

1 メッセージを送る相手のプロフィール画面にある、回をタップ。

ダイレクトメッセージ (DM) とは

ダイレクトメッセージは、直接他の人とやり取りできる機能です。フォローしていなくてもやり取りができ（公開しているアカウントでDMの受信を許可している場合）、複数の人と同時にやり取りすることもできます。
また、文字数に140字という制限がないので、長文も送信できます。

2 メッセージを入力し、「送信」をタップ。

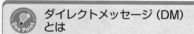

3 ダイレクトメッセージを送った。メッセージボックスの右にある 🎙 をタップすると音声も送れる。

ダイレクトメッセージの設定

デフォルトではお互いがフォローしている場合にダイレクトメッセージを送信できます。メニューの「設定とサポート」→「設定とプライバシー」→「プライバシーと安全」→「ダイレクトメッセージ」を「全員」にするとすべての人からのメッセージを受け取れます。ただし、勧誘や苦情などのメッセージが届く場合もあるので気を付けてください。

4 メッセージが届くと右下のメッセージアイコンに数字が付く。

5 相手からの返信は左側に表示される。

複数人でやり取りする

1 画面右下の ✉ をタップし、✉ をタップ。

2 「グループを作成」をタップ。

3 送信先に参加する人をタップして「完了」をタップ。一覧にない場合は「送信先」にユーザー名を入力して検索。ただしダイレクトメッセージを拒否している場合は表示されない。

 グループから抜けるには

グループから抜ける場合は、メッセージ画面右上にある ⓘ をタップし、「会話の削除」をタップして、「退出」をタップします。

パソコンでXを使う

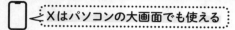
XはパソコンＰの大画面でも使える

Xはパソコンで使うこともできます。閲覧だけでなく投稿も可能です。パソコンなら大きな画面で使うことができ、一度に多数のポストを読めるというメリットがあります。また、スマホのアプリにはない機能や設定もあるので便利です。

パソコンのブラウザーでXにアクセスする

1 ブラウザーでX (https://twitter.com/) にアクセスし、「ログイン」をクリック。

2 登録しているメールアドレス、携帯電話番号、ユーザー名のいずれかを入力。続いてパスワードを入力し、下部にある「ログイン」をクリック。

パソコン版Xでログアウトするには

他の人と共有しているパソコンの場合はログアウトしてください。左のメニューから⋯をクリックし、「ログアウト」をクリックします。

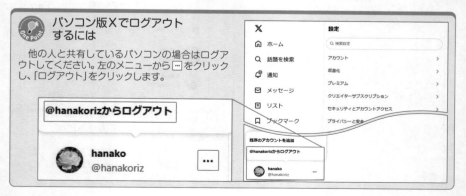

① **ホーム**：ホーム画面を表示する

② おすすめとフォロー中を切り替えられる

③ **メニュー**：各機能を使うときにクリックする

④ **キーワード検索**：ポストを検索する

⑤ **ポストする**：投稿するときにクリックする

⑥ **トレンド**：旬の話題が表示される

⑦ **いまどうしてる？**：ここに入力して投稿できる

⑧ 自分やフォローしている人の投稿が表示される

⑨ **おすすめユーザー**：おすすめのユーザーが表示される

画面が英語表記になっている場合

ログインしたときに英語の画面になっている場合は、画面左の「more」→「Setting and Support」→「Setting and privacy」→「Accessibility,display,and languages」→「Languages」→「Display language」で「Japanese」を選択して「Save」をクリックします。

スペースで音声配信をする

音声なので、仕事や料理をしながら楽しめる

Xには音声だけで配信できる「スペース」という機能があります。他のユーザーを招待して複数人でのおしゃべりも可能です。使い方が簡単ですし、動画配信と違い、たとえ部屋が散らかっていても気にせずに開始できるのもメリットです。

スペースを聞く

1 スペースが開始されるとタイムラインまたは画面上部に表示されるのでタップして、「聞いてみる」をタップ。録音についてのメッセージが表示されたら「OK」をタップ。

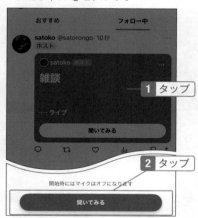

スペースとは

スペースは、音声でリアルタイムの会話ができる機能です。スペースの中では、「ホスト」「リスナー」「スピーカー」の3役があり、スペースを作成した人は「ホスト」になります。聞く人は「リスナー」で、ホスト以外の話す人は「スピーカー」です。リスナーから、スピーカーまたはホストになることも可能で、スピーカーは10人まで、ホストは2人まで参加が可能です。なお、作成者をフォローしていないユーザーもリスナーとして参加できます。

2 リスナーとして参加した。

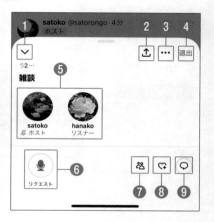

❶ 最小化する（下部をタップして元に戻せる）
❷ スペースを他の人に知らせる
❸ キャプション（字幕）のオン・オフや設定を表示する
❹ 聞くのを止めるときにタップする
❺ 参加者が表示される
❻ スピーカーになりたいときにタップする
❼ 参加者を確認できる
❽ ハートや拍手などのリアクションを付けられる
❾ コメントできる

スペースを開始する

① 「ホーム」画面右下の「＋」を長押しし、 ◎ （Androidの場合は「＋」をタップして「スペース」）をタップ。

1 タップ

「スペース」ボタンがない

非公開アカウントは、スペースを作成できず、「スペース」ボタンが表示されません。他の人のスペースを聞くことはできます。

② スペースに付ける名前を入力し、「今すぐ始める」（Androidは「スペースを開始」）をタップ。マイクは許可する。

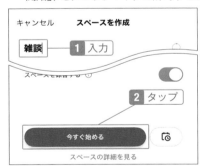

キャンセル　　**スペースを作成**

雑談 ── 1 入力

スペースを録音する

2 タップ

今すぐ始める

スペースの詳細を見る

公開スケジュールを設定するには

手順2の画面で、 をタップすると公開スケジュールを設定できます。メールやDMなどで送って招待も可能です。自動で開始されるわけではないので、指定した時間になったらスペースを開始してください。招待された人には公開日時が近づくと通知が届きます。

③ 招待する人がいればタップまたは検索してDMで招待できる。ここでは「スキップ」をタップ。

ユーザーを招待しますか？ スキップ

参加するユーザーは、最初はリスナーになります。

送信先:

1 タップ

hanako
@hanakoriz

④ マイクをオンにして話す。 をタップしてスピーカーまたはホストに招待することも可能。

⤴ ⋯ 終了

● REC

どのようなテーマで会話しますか？ ✎

1 タップ

🎤 マイク:オン

⑤ 終了するときは「終了」をタップし、「終了する」をタップ。

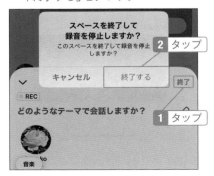

スペースを終了して録音を停止しますか？

このスペースを終了して録音を停止しますか？ 2 タップ

キャンセル　　終了する 終了

● REC

どのようなテーマで会話しますか？

1 タップ

音楽

ライブ配信をする

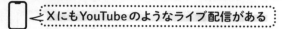

-- XにもYouTubeのようなライブ配信がある

前のSECTIONのスペースは音声ですが、リアルタイムで動画配信することもできます。他の
ユーザーに参加してもらうこともでき、配信終了後に保存すると、通常のポストと一緒に表示さ
れ、他のユーザーが視聴できるようになっています。

ライブ配信を視聴する

1 ライブ配信のポストは「ライブ」と表示されているのでタップ。

2 視聴できる。ダブルタップするとハートを送れる。

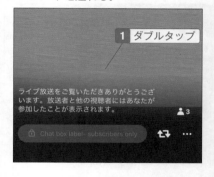

録画された動画を視聴する場合

録画された動画がポストされていたら、タップして視聴できます。画面上を長押しし、場面を選択して見ることも可能です。

1 画面右下の「＋」をタップし、作成画面の回をタップ（Androidの場合は「＋」をタップし、「ライブ放送する」をタップ）。

2 「ライブ」をタップ。上部のマイクをオンにし、インカメラかアウトカメラかを設定して「ライブ放送する」をタップ。

3

❶ ×：ライブ放送を停止する
❷ フラッシュ
❸ インカメラとアウトカメラの切り替え
❹ マイクのオン・オフの切り替え
❺ 現在の視聴者数。タップすると合計視聴者数が表示される
❻ フォローや共有のリクエスト、スケッチで手書き（執筆時はiPhoneのみ）ができる
❼ コメントを送信できる

 ライブ配信を終了するには

配信を終了するときは、画面左上の「×」をタップし、「ライブ放送を停止」をタップします。「ライブ配信を編集」ボタンが表示されるのでタップし、次の画面で配信のタイトルやサムネイルを設定して「完了」をタップします。

05

流行の話題や今の気持ちをひとことでつぶやくXをはじめよう

05-21

コミュニティを利用する

📱 ⌇ 興味のあるコミュニティに参加して交流と情報収集をしよう

Xには、通常のポストとは別に、同じ趣味や興味を持った仲間同士で交流を深められるコミュニティという機能があります。興味のあるコミュニティを見つけたら参加してみましょう。また、お気に入りのユーザーがコミュニティを作成していたら参加するとよいでしょう。

コミュニティに参加する

1 画面下部の「コミュニティ」をタップし、🔍をタップ。

2 興味のあるコミュニティをタップ。

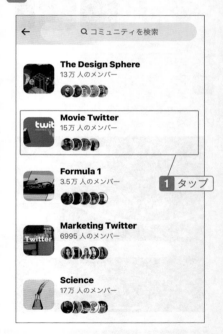

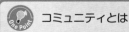 コミュニティとは

コミュニティはサークルのようなもので、同じ趣味や興味を持ったユーザー同士が交流を楽しめる機能です。コミュニティによっては参加する際に管理者の承認が必要な場合もあります。

3 「参加する」または「参加をリクエスト」をタップ。次の画面で「同意して参加する」をタップ。

コミュニティの基本情報を見るには

コミュニティに参加すると、手順1の画面上部に表示されるので、タップするとコミュニティが表示され、投稿やルール、メンバーなどを確認できます。

コミュニティを退会するには

退会したいときには、手順3の画面右上にある■をタップし、「コミュニティを退会」をタップします。ホーム画面から削除するには「ホームから固定を解除」をタップします。

コミュニティにポストする

1 コミュニティに参加するとホーム画面上部にタブが表示されるのでタップし、「＋」をタップ。

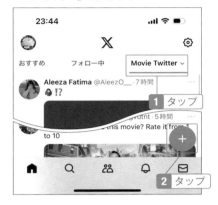

コミュニティを作成するには

コミュニティの参加は無料ユーザーでも可能ですが、コミュニティの作成は有料のプレミアム会員でないとできません。

2 「ルール」をタップして読む。その後、「オーディエンス」にコミュニティが選択されていることを確認して投稿する。

自分のポストを分析する

データを分析してフォロワーを増やす

「どのくらいの人が自分のポストを見てくれているのだろう?」と気になる人もいるでしょう。X アプリには、ポストごとにユーザーの反応を確認できる機能があります。また、パソコンまたはブラウザーアプリを使うと、アカウント全体を分析できるツールを使えます。

スマホでポストアクティビティを見る

1 ポストの下にあるアクティビティのアイコンをタップ。

2

❶ いいねの数
❷ リポストの数
❸ コメントの数
❹ このポストが表示された数
❺ いいねやリポストなどがあった回数
❻ 詳細表示された数
❼ ここでフォローされた数
❽ プロフィールが表示された数

パソコンで分析する

1 パソコンでXにログイン
し、左端の「もっと見る」
をクリック。

2 「Creator Studio」→「アナ
リティクス」をクリック。ま
たはhttps://analytics.
twitter.com/にアクセス
（執筆時点）。

 アナリティクスとは

　アナリティクスとは、ユーザーのアクセス状況を分析できるツールのことです。Xには、「Xアナリティク
ス」という無料ツールがあり、一番見られている投稿やフォロワーの増減などを把握できるようになっ
ています。それを見て、今後どのような投稿をするとフォロワーが増えるかを考えましょう。なお、「Xア
ナリティクス」画面にアクセスするには、パソコンまたはブラウザーアプリを使います。

3 「アナリティクスを有効に
する」をクリック。

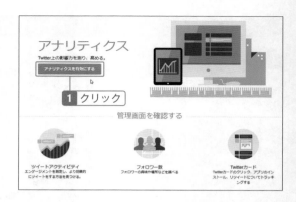

4 「ホーム」タブをクリック
した画面でアカウント全
体を分析できる。

5 「ツイート」タブをクリッ
クした画面で、ポストご
とに分析ができる。

「ツイート」タブに表示されるデータ

　上部の「ツイート」タブをクリックすると、各投稿ごとのインプレッション（ポストが見られた数）、エンゲージメント（ポストにいいねやリポスト、返信などがされた回数）、エンゲージメント率（エンゲージメント÷インプレッションの合計数）などを期間を指定して見ることができます。

05-23

ポストを固定して目立たせる

自分が投稿したポストのうち、1つのポストだけを先頭に表示させることができます。たくさんの人に見てほしいポストや人気があるポストは固定させておきましょう。なお、固定できるポストは1つだけなので、別のポストを固定すると入れ替わります。

ポストをプロフィールに固定する

1 固定させたいポストを表示し、右上の「…」をタップして「プロフィールに固定する」をタップ。

2 「固定する」をタップ。

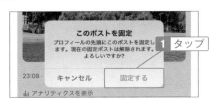

3 自分のアイコンをタップして自分のプロフィール画面を表示すると、上部に「固定」として表示される。

 固定を解除するには

固定されたポストの右上にある ⊡（Androidの場合は ▢ ）をタップし、「プロフィールから固定を解除する」をタップします。

05

流行の話題や今の気持ちをひとことでつぶやくXをはじめよう

05-24

迷惑な絡み方をしてくる人を避けたい

> 嫌がらせを受けたらブロック。関係をこじらせたくないならミュートもある

フォロワーが増えてくると、しつこく返信してきたり、不快な投稿をする人が紛れ込むこともあります。そのようなときは「ブロック」できます。ただし、相手の画面にブロックしたことが表示され、関係がこじれることもあるので、ONE POINTの「ミュート」も視野に入れてください。

特定のユーザーをブロックする

▌**1** ブロックする相手のプロフィール画面の右上にある ■ をタップし、「〇〇さんをブロック」（Androidの場合は ⋮ をタップし、「ブロック」）をタップ。

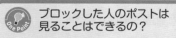

▌**2** 「ブロック」をタップ。

▌**3** 「ブロック中」（Androidの場合は「ブロック済み」）と表示される。

> **One Point** ブロックした人のポストは見ることはできるの？
>
> ブロックをしても、その人のポストを見ることができます。ブロック後も読みたい場合は、解除する必要はありません。

ブロックを解除する

1 前ページの手順3の画面で「ブロック中」をタップし、「○○さんのブロックを解除する」（Androidの場合は「ブロック済み」をタップし「ブロックを解除」）をタップする。

2 ブロックを解除した。

 ブロックせずに非表示にする

　ブロックすることで、相手との関係が悪化するのが心配な場合、「ミュート」して自分のタイムラインに表示されないようにできます。ブロックとは違い、リプライやダイレクトメッセージが使えるので、相手はミュートされていることに気づきません。

　ブロックする相手のプロフィール画面の右上にある ⋯ （Androidの場合は ⋮ ）をタップし、「○○○さんをミュート」（Androidの場合は「ミュート」）をタップし、「はい、ミュートします。」をタップします。

　解除するときは、相手のプロフィール画面で ⋯ をタップして「○○さんのミュートを解除」（Androidの場合は「ミュートを解除」）をタップします。

05-25

フォロワーだけがポストを
見られるようにする

📱 非公開にすれば拡散されることはなく、勝手にフォローされることもない

投稿したポストは、基本的にすべてのユーザーが見ることができます。自分をフォローしている
人だけに見せたい場合は、「非公開」の設定をしましょう。非公開にすると、名前の横に鍵の
マークが付き、知らない人から勝手にフォローされることもなくなります。

ポストを非公開にする

1 左上のプロフィール画像をタップ
し、メニューから「設定とサポート」
→「設定とプライバシー」をタップ。

非公開とは

自分をフォローしている人だけに投稿を見
せたいときに「非公開」にします。鍵付きのア
カウントという意味で「鍵アカ」と言われ、名前
の横に鍵のアイコンが付きます。非公開後に
フォローされると、メニューの「フォローリク
エスト」に表示されるので、許可する場合は
「チェック」を、許可しない場合は「×」をタップ
します。

2 「プライバシーと安全」をタップし、
次の画面で「オーディエンスとタグ
付け」をタップ。

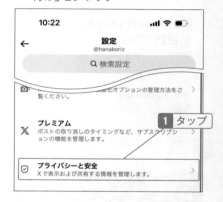

3 「ポストを非公開にする」をタップし
てオン（緑色）にする。

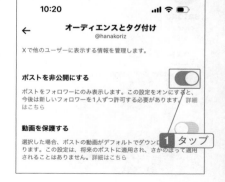

05-26

メールアドレスや電話番号で検索されないようにする

📱 知り合いにばれたくないときに確認する設定

Xでは、メールアドレスや電話番号からアカウントを検索できます。知り合いを見つけられるので便利そうですが、プライベートで使用しているアカウントを会社の人に知られたくない人もいるでしょう。そのような場合は、検索されないように設定してください。

「見つけやすさと連絡先」を確認する

1 左上のプロフィール画像→「設定とサポート」→「設定とプライバシー」→「プライバシーと安全」をタップ。

2 「見つけやすさと連絡先」をタップ。

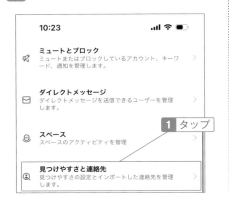

3 「メールアドレスの照合と通知を許可する」と「電話番号の照合と通知を許可する」をオフにする。設定したら「←」をタップして前の画面に戻る。

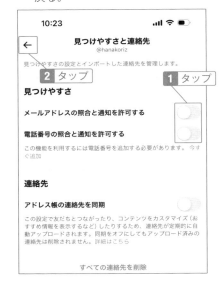

> ⚠️ **Xユーザーであることを知られたくない**
>
> メールアドレスや電話番号での検索ができるように設定してあると、「知り合いかも?」に表示されたり通知が行く場合があります。知られたくない場合は、ここでの設定を確認しておきましょう。

05

流行の話題や今の気持ちをひとことでつぶやくXをはじめよう

通信料を抑える

📱 通信量を抑えるために、定額プランの人は設定しよう

モバイルデータ通信でXを見ているといつの間にか通信量が増えしまい、スマホの契約プランによっては速度制限がかかってしまうことがあります。そこで、動画や写真の画質を落として通信量を節約する設定があるので紹介しましょう。

データセーバーを設定する

1 プロフィール画像→「設定とサポート」→「設定とプライバシー」→「アクセシビリティ、表示、言語」をタップ。

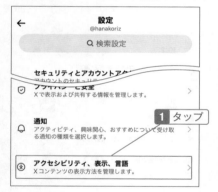

3 「データセーバー」をオン（緑色）にする。

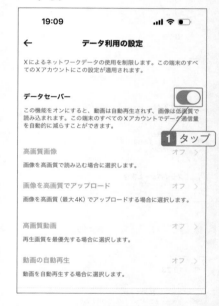

2 「データ利用の設定」をタップ。

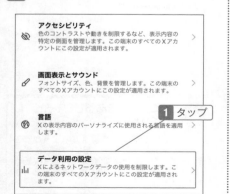

データセーバーとは

データセーバーをオンにすると、動画が自動再生されず、高画質の写真は低画質になるので、データ使用量を抑えることができます。ただし、動画が見づらくなることを承知の上で設定してください。

なお、手順3の画面で、「高画質動画」や「動画の自動再生」を個別に設定することも可能です。

05-28

受け取る通知の種類などを変更する

📱 ～ 通知がうるさくて困っている人に

Xでは、まれにポストの反響があって大量の「いいね」が付くことがあります。そうなると通知が立て続けに来て、仕事に集中できなくなります。そのようなときは、通知をオフにしましょう。なお、ここでの操作はスマホ本体の設定でXの通知をオンにしている場合です。

通知を設定する

1️⃣ 左上のプロフィール画像をタップし、「設定とサポート」→「設定とプライバシー」→「通知」→「設定」をタップ。

2️⃣ 「プッシュ通知」をタップ。

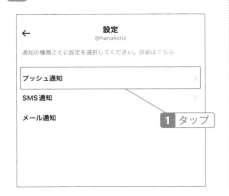

3️⃣ 受信する通知の種類を選択。

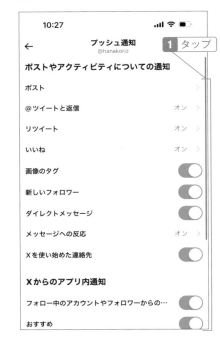

 フォローしていないアカウントからの通知をオフにするには

手順1で「フィルター」をタップし、「ミュートしている通知」をタップすると、「フォローしていないアカウント」や「フォローされていないアカウント」などの通知をオフにできます。

05

流行の話題や今の気持ちをひとことでつぶやくXをはじめよう

Xの利用を止める

📱 ⟨ **退会しても、30日以内なら復帰可能** ⟩

Xを止めたいと思ったとき、アカウントをそのまま残しておいても問題ないですが、嫌がらせを受けてアカウントを消したい場合などは、ここでの方法で削除します。ただし、アカウント削除後30日を過ぎるとすべてが削除されるので慎重に操作してください。

アカウントを削除する

1 左上のプロフィール画像をタップし、「設定とサポート」→「設定とプライバシー」→「アカウント」をタップ。

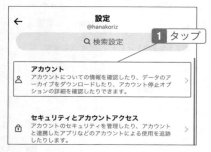

2 「アカウントを停止する」（Androidは「アカウントを削除」）をタップ。

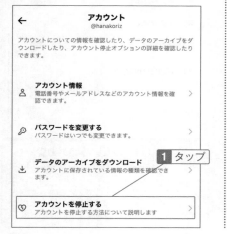

3 内容を読んで、「アカウント削除」をタップ。

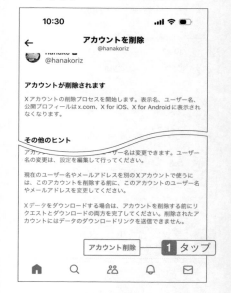

⚠️ **アカウントの削除**

アカウントを削除した日から30日以内であれば、ログインを試すと復活させるか否かのメッセージが表示され、復活させることができます。ただし、30日を過ぎると、ユーザー名や投稿などすべてが削除され、元に戻すことができません。いつか再利用するかもしれない場合は、アカウントを残しておき、ログアウトするかアプリをアンインストールする方法もあります。

人気拡大中！短い動画で
個性をアピールできる
TikTokを使ってみよう

TikTokは、短尺動画の視聴および投稿を楽しめるSNSです。
1990年半ば～2010年頃に生まれたZ世代と呼ばれている
人たちを中心に爆発的に人気となりました。最近では、芸能人
や企業も参入し、中高年層のユーザーも増えて盛り上がってい
ます。このChapterではTikTokとはどのようなものかを説明
し、はじめ方や使い方を説明します。また、未成年の利用が多
いので、安全に使うための設定についても解説します。

そもそもTikTokってどんなSNS？

ショート動画と言ったらTikTok！短時間だから手軽に楽しめる

テレビや他のＳＮＳで「TikTok」の動画を見たことがある人も多いと思います。見たことがない人も「動画を投稿するらしい」というイメージはお持ちでしょう。ここでは、TikTokがどのようなものか、他のSNSとは何が違うのかを、人気の理由も含めて説明します。

TikTokで何ができるの？

TikTok（ティックトック）は、短編動画用のSNSで、10代、20代の若者を中心に人気があります。音楽に合わせて踊る動画、何かに挑戦する動画、ペットなどの癒し動画など多種多様な動画が投稿され、しばしば爆発的に人気動画になることもあります。その一方で、トレンドの移り変わりが早いのも特徴の１つです。撮影した動画をTikTok上で編集ができ、フィルターや美肌加工を使って、実際よりも見栄えよく見せることも可能です。また、投稿した動画を通して、他の人と交流を深めることができます。なお、TikTokを利用できるのは13歳以上です。13歳未満が利用していた場合、アカウントが削除されます。

■動画の視聴
（SECTION06-05）

■動画の投稿
（SECTION06-11）

■他のユーザーとの交流
（SECTION06-06）

TikTokを起動する

1 ホーム画面で、TikTokアプリのアイコンをタップ。通知を許可する場合は「許可」をタップ。

2 「同意して続ける」をタップ。

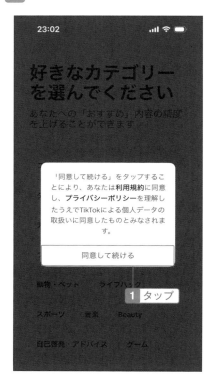

3 興味のあるジャンルがあれば選択して「次へ」をタップ。

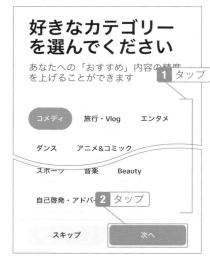

4 「動画を見る」をタップ。

人気拡大中！短い動画で個性をアピールできるTikTokを使ってみよう

TikTokにログインする

📱 ログインしなくても使えるが、ログインして他のユーザーとの交流も楽しもう

TikTokは、動画を見るだけならログイン不要ですが、コメントを付けたり投稿したりする場合は、アカウントを取得してログインする必要があります。ここではメールアドレスを使って登録しますが、携帯電話番号でも他のSNSのアカウントでログインすることも可能です。

アカウントを作成する

1 「プロフィール」をタップ。

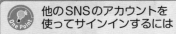

2 「電話番号またはメールアドレスで登録」をタップ。

3 生年月日を設定し、「次へ」をタップ。

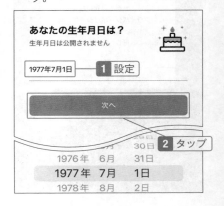

他のSNSのアカウントを使ってサインインするには

手順2の画面にあるSNSのボタンをタップして、利用しているLINEやX（旧Twitter）などのSNSのアカウントでログインすることもできます。

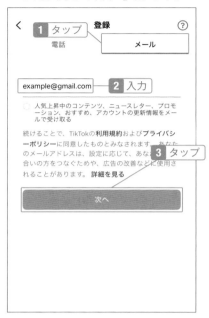

4 「メール」をタップし、メールアドレスを入力して「次へ」をタップ。

5 「％」や「！」などの特殊文字を加えたパスワードを入力し、「次へ」をタップ。連絡先は「許可しない」をタップ。

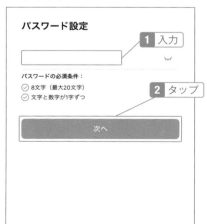

6 ニックネームを入力し、「確認」をタップ。

ログアウトするには

ログインしたままでもかまいませんが、もしログアウトする場合は、下部の「プロフィール」をタップし、右上の≡をタップします。「設定とプライバシー」をタップし、最下部にある「ログアウト」をタップします。

06-**03**

プロフィールを設定する

📱 🔊 **フォロワーを増やすには大事な設定。名前もわかりやすくしよう**

せっかく始めたのなら、他の人との交流を深めましょう。まずは、自分を知ってもらうために、プロフィール画像を自由に設定してください。また、登録した直後は仮のユーザー名になっているので、わかりやすい名前に変えておきましょう。

プロフィール画像や名前を設定する

1 「プロフィール」をタップし、「プロフィールを編集」をタップ。

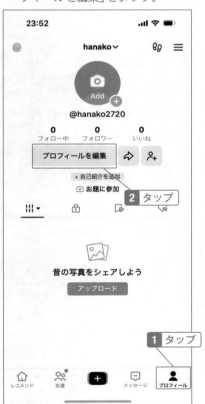

2 「写真を変更」をタップし、「写真をアップロード」（Androidの場合は「アルバムから選ぶ」）をタップして写真を選択する。写真へのアクセスは許可する。

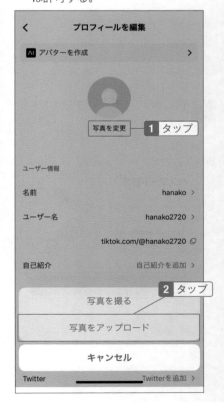

3 ピンチアウトやドラッグして必要な部分のみ表示する。「この写真を投稿する」のチェックをはずして「保存」をタップ。

2 ドラッグ

1 ピンチアウト

3 タップ
☐ この写真を投稿する

4 タップ
プレビュー 〉

キャンセル　　保存

4 「ユーザー名」をタップ。

〈　**プロフィールを編集**

[AI] アバターを作成　　　　　　　　〉

📷　　　　　　□📹
写真を変更　　　動画を変更

ユーザー情報

名前　　　　　**1** タップ
　　　　　　　hanako 〉

ユーザー名　　　　　hanako2720 〉

tiktok.com/@hanako2720 📋

自己紹介　　　　　自己紹介を追加 〉

One Point
アバターをプロフィール写真に使うには

手順1のプロフィール画像をタップし、「アバターを作成」をタップして、自分の分身のキャラクターを作成してプロフィール画像として使用することもできます（執筆時点）。

hanako ∨　　　🔍 ≡

@hanakoroma

0　　　　0　　　　0
フォロー中　フォロワー　いいね

プロフィールを編集 ↪ 👤+

+ 自己紹介を追加

5 ユーザー名を入力し、「保存」をタップ。

キャンセル　　**ユーザー名**　　保存

hanakoroma

2 タップ

www.tiktok.com/@hanakoroma
ユーザー名　　　　　　、アンダースコア、ピリオドのみを
含めること　**1** 入力　す。ユーザー名を変更すると、プロフィー
ルリンクも変わります。

ユーザー名は30日に1回限り変更可能です。

→　　@#/&_　　ABC　　DEF　　⌫

One Point
ユーザー名と名前の変更

ユーザー名は30日に1回のみ変更できます。また、名前は7日に1回のみ変更可能です。どちらも変更するとすぐには変えられないので気を付けてください。

06

人気拡大中！短い動画で個性をアピールできるTikTokを使ってみよう

6 名前を変更する場合はタップして入力。

7 「自己紹介」をタップ。

8 自己紹介を入力し、「保存」（Androidは「セーブする」）をタップ。

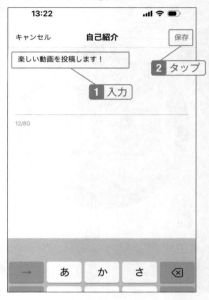

9 プロフィールを設定した。「＜」をタップ。

06-04

TikTok の画面構成

📱 シンプルな画面だが、一度確認しておくと使いやすくなる

TikTokには複雑な機能がないので、最初の画面構成を覚えればすぐに使えるようになります。最も使うのは画面下部に並んでいるボタンなので確認しておきましょう。ここでは、iPhoneの画面ですが、Androidの画面もほぼ同じです。

TikTokのレコメンド画面

❶ LIVE配信を視聴できる

❷ フォローしている人の動画を表示する

❸ おすすめ動画を表示する

❹ ユーザーやハッシュタグで動画を検索できる

❺ 投稿者のプロフィール画面を表示する

❻ いいねを付ける

❼ コメントを付ける

❽ 動画をセーブ（登録）する

❾ 他のアプリに送って他の人と共有する。ダウンロードもできる動画もある。

❿ 同じ曲を使った動画の一覧

⓫ 投稿者名

⓬ 動画の説明

⓭ おすすめ動画を表示する

⓮ 友達（相互フォロー）の投稿が表示される

⓯ 動画を投稿するときにタップする

⓰ いいねやコメントが付いたときにここに通知される

⓱ 自分のプロフィール画面の表示や設定のときに使う

人気拡大中！短い動画で個性をアピールできるTikTokを使ってみよう

他の人の動画を見る

🔲 ┤ 見てみたいユーザーや音楽などの話を聞いたときに検索を使う ┣

TikTokでは、ユーザーがよく見る動画を参考にして興味がありそうな動画が「レコメンド」に表示されるようになっているので、その中から選んで視聴します。ですが、誰かから面白い動画の話を聞いて見たいと思ったときは、検索しましょう。

見たい動画を探す

1 「検索」ボタンをタップ。

2 興味のあるキーワードを入力して「検索」をタップ。

3 動画をタップ。

4 再生される。前の画面に戻る場合は「＜」（Androidの場合は「←」）をタップ。

ユーザー名で探す

1 検索ボックスにユーザー名を入力し、「検索」をタップ。「ユーザー」をタップして候補が表示されたらタップ。

2 その人のプロフィール画面が表示される。

ハッシュタグで探す

1 検索ボックスにキーワードを入力して「検索」をタップし、「ハッシュタグ」をタップ。その後キーワードをタップ。

2 一覧が表示される。

06

人気拡大中！短い動画で個性をアピールできるTikTokを使ってみよう

233

06-06

気に入った投稿に「いいね」を付けたりコメントする

🔲 ⤙ スピード感のあるTikTokだからこそ、気兼ねなくいいねが付けられる

他のSNSと同様に、TikTokでも気に入った投稿には「いいね」やコメントを付けることが可能です。画面をダブルタップしても「いいね」を付けられます。また、TikTokでは堅苦しいコメントは向いていないので、コメントを付けるときには絵文字を入れるなど工夫してください。

「いいね」を付ける

1 動画を表示し、🖤をタップ。画面上をダブルタップしても「いいね」を付けられる。

2 「いいね」が付いた。解除する場合は再度タップする。

 いいねを付けた動画を確認するには

「プロフィール」をタップし、🖤をタップすると「いいね」した投稿を確認できます。なお、どの動画にいいねを付けたかを他のユーザーに見せるか否かは、「プロフィール」画面右上の☰→「設定とプライバシー」→「プライバシー」の「「いいね」した動画」で設定します。デフォルトでは「自分のみ」になっています。

コメントを付ける

1. 📱 をタップ。

1 タップ

2. コメントボックスをタップし、メッセージを入力する。絵文字を入力する場合は 📱 をタップ。「@」をタップすると、X(SECTION05-08)で説明したメンションも使える。

1 入力 **2 タップ**

3. 入力したい絵文字をタップし、⬆️ をタップ。

2 タップ

1 タップ

4. コメントを付けた。「×」をタップ。

2 タップ

1 確認

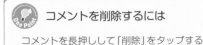

コメントを削除するには

コメントを長押しして「削除」をタップすると削除できます。

235

気に入った動画の投稿者を登録する

> 面白い動画、役立つ動画は必見。フォローして見逃さないようにしよう

面白い動画を載せている人、センスの良い動画を載せている人など、気に入った投稿者がいたらフォローして登録しておきましょう。新しい投稿があったときに通知が来るようになるので見逃すことがありません。間違えてフォローした場合は簡単に解除できます。

フォローする

1 動画の右側にあるアイコンをタップ。アイコンの下にある「＋」をタップすると、プロフィール画面に行かずにフォローすることも可能。

2 相手のプロフィール画面が表示されるので「フォロー」をタップ。

3 フォローした。 をタップするとフォローを解除できる。「＜」（Androidの場合は「←」）をタップして前の画面に戻る。

One Point　フォローした人を確認するには

画面下部の「プロフィール」をタップし、「フォロー中」をタップするとフォローしている人の一覧が表示されます。なお、相手がフォローを返してくれると「友達」となり、手順3の画面に が表示されます。

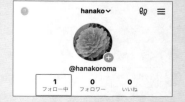

06-08

QRコードで友達を追加する

検索しなくてもQRコードで追加可能。リアルの仲間とも一緒に楽しもう

SECTION06-11で動画の投稿方法を説明しますが、知り合いだけに見せたい場合は、相手を「友達」として登録しましょう。QRコードを使って友達の追加ができ、自分が読み取る方法と相手に読み取ってもらう方法があります。なお、執筆時点での操作方法です。

友達を追加してフォローする

1 「プロフィール」をタップして 💬 をタップ。

2 ⬒ をタップ。

3 友達のコードをスキャンし、「フォロー」をタップして追加する。

友達に追加してもらうには

反対に友達に追加してもらう場合は、手順3で「私のQRコード」をタップして読み取ってもらいます。

人気拡大中！短い動画で個性をアピールできるTikTokを使ってみよう

06

お気に入りの動画を登録する

何度も見たい動画はセーブしてまとめておこう

面白い動画や興味深い動画は何度でも見たくなるでしょう。気に入った動画をセーブして登録しておけば、再度見たくなったときに、探す必要がなくなります。ここでは、動画をセーブする方法と、セーブした動画を表示する方法を説明します。

動画をセーブする

▌ 登録したい動画を表示し、「セーブ」ボタンをタップ

▌ セーブした。「セーブ」ボタンが黄色くなる。再度タップすると解除される。

▌ 画面下部の「プロフィール」をタップし、▣ をタップ。一覧からタップして表示できる。

06-10

気に入った動画をスマホに保存する

📱 ⤙ ダウンロードすれば、ネットが使えない場所でオフラインでも楽しめる ⤚

投稿されている動画を、自分のスマホに保存することができます。他の人の動画でも、投稿者が許可していれば可能です。スマホに保存しておけば、ネットにつながらない場所でも見られます。なお、使用されている音楽は、著作権の関係で保存できない場合もあります。

動画をダウンロードする

1️⃣ 保存したい動画を表示し、「シェア」をタップ。

2️⃣ 「保存」をタップし、「ダウンロードする」をタップ。

⚠️ **動画を保存できない**

投稿者がダウンロードできないように設定している場合は保存できません。また、楽曲の著作権の関係で音楽を保存できない場合があります。なお、ダウンロードした動画にはTikTokのロゴが入ります。

動画を投稿する

📱 ⟨ 短時間なので撮るのも容易。投稿のやり方を覚えてたくさん投稿しよう

せっかくですから、TikTokを楽しむなら、視聴だけでなく投稿もしてみましょう。その場で動画を撮影することも、過去に撮影した動画や写真を投稿することもできます。加工や細かい編集もできますが、まずは簡単な動画を投稿して慣れましょう。

撮影する

1 「+」をタップ。

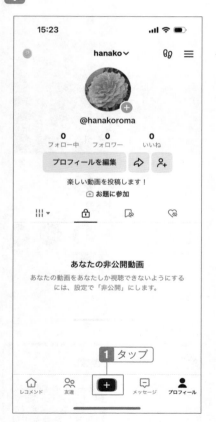

2 カメラとマイクへのアクセス許可についてのメッセージが表示された場合は許可する。

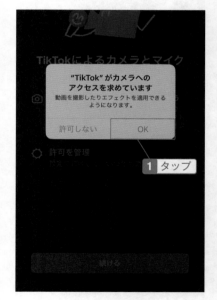

画面が違う

執筆時点での画面で解説しているため、アップデートにより、解説画面と異なる場合があります。また、本書ではiPhoneの画面を使用していますが、Androidの場合は多少異なる場合があります。

3 「カメラ」になっていることを確認し、撮影時間を選択。

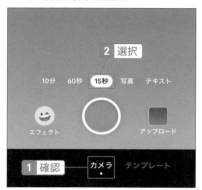

2 選択

10分　60秒　**15秒**　写真　テキスト

エフェクト　　　　　　　　アップロード

1 確認 —— **カメラ** テンプレート

4 「切り替え」をタップして、インカメラ（自撮り）かアウトカメラ（反対側）かを選択。その後被写体をタップしてピントを合わせ、「撮影」ボタンをタップ。

15:24

♪ 楽曲を選ぶ

1 タップ
カウントダウン
フィルター
速度
メイク

10分　60秒　**15秒**　写真　テキスト

2 タップ

エフェクト　　　　　　　　アップロード

5 ❶ ×：投稿を止める

❷ 動画に入れる曲を選択する

❸ インカメラ（自撮り）とアウトカメラ（反対側）を切り替える

❹ **ライト**：フラッシュのオン・オフを切り替える

❺ **カウントダウン**：撮影開始までのカウントダウンに使う

❻ **フィルター**：色味や変形で加工する

❼ **速度**：撮影スピードを切り替える

❽ **メイク**：美肌効果や顔を加工できる

❾ **モード**：10分、3分、60秒、15秒、写真、テキストから選んで撮影する

❿ **エフェクト**：動画に特殊効果を付けられる

⓫ 撮影ボタン：タップして撮影を開始する

⓬ **アップロード**：保存してある動画を載せる場合に使う（アップロードは10分まで可能）

⓭ テンプレートやライブ配信に切り替える

6 「停止」ボタンをタップすると止まる。指定した秒数まで撮影しない場合は「チェック」ボタンをタップ。

00:06

1 タップ

2 タップ

曲を追加する

1 上部の「オリジナル楽曲」をタップ。

15:25

♬ オリジナル楽… ×

1 タップ

Aa

ダンス動画の場合

曲に合わせて踊る場合は、撮影前に楽曲を選択して「撮影」ボタンをタップします。

2 「検索」ボタンをタップ。

15:25

1 タップ

Q

おすすめ　セーブ済み　最近

オリジナル楽曲 - ♡LOVE...
♡LOVE PETS TV♡ · 00:11

オリジナル楽曲 - GUANG_FANPAGE
GUANG_FANPAGE · 00:11

オリジナル楽曲 - ชื่ออาร์มที่แปลว่าแขน
♬ Everyday · 00:09

オリジナル楽曲 -
🎧 · 00:09

내가 프린세스 판시ver
°. PANXI .° · 00:07

オリジナルサウンド　　　🔊 音量

曲の選び方

TikTokでは、テンポの良い曲が好まれる傾向にあります。手順2にあるおすすめの曲から選んだり、動画のイメージに合う曲を選んだりして工夫しましょう。また、動画に合う歌詞を選ぶのも効果的です。

3 曲をタップして「チェック」ボタン
をタップ。

4 ✂ をタップ。

 曲をお気に入りに登録する

気に入った曲は、曲名の右端にある 🔖 を
タップすると、手順4の「セーブ済み」タブから
選べるようになります。検索の手間を省くため
に、気に入った曲は登録しておきましょう。

5 バーをドラッグして、曲のどの部分
を使用するかを指定し、「完了」を
タップ。

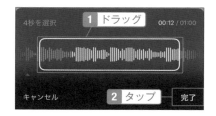

6 「音量」をタップ。

7 動画に入っている音と楽曲（次ペー
ジONE POINT参照）の音量バラン
スを調整し、「完了」をタップ。

243

8 右側のボタンで文字やスタンプなどを追
加し、「次へ」をタップ。

10 「投稿」をタップすると投稿できる。

9 説明欄をタップして動画の説明を入力
し、グレーの部分をタップ。

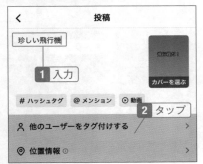

06-12

テンプレートを使って写真を見栄え良く投稿する

📱 さりげなく撮った写真をかっこよく仕上げて公開できる

TikTokでは、撮影した動画だけでなく、過去に撮影した写真をスライドショーのようにして投稿することもできます。編集アプリを使わなくても、TikTok上で写真を選択するだけで、かっこよくておしゃれな作品になるので試してください。

テンプレートを使用する

1 撮影画面下部の「テンプレート」をタップ。

2 スワイプして好みのモードを選択。ここでは「Audio Spectrum」を選択。「写真をアップロード」をタップして使用する写真を選択する。

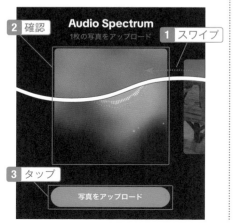

3 必要であれば右のボタンで編集し、「次へ」をタップして投稿する。

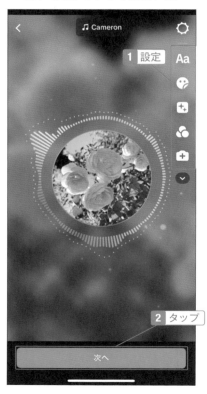

06 人気拡大中！短い動画で個性をアピールできるTikTokを使ってみよう

24時間で消えるストーリーズを投稿する

> エフェクトで特殊効果を付けて投稿するのがおすすめ

インスタでおなじみのストーリーズですが、TikTokでも使えるようになりました。24時間で削除されるので、ちょっとした動画を気軽に投稿できます。ストーリーズを見た人がフォローしてくれるケースも多いので、積極的に利用しましょう。

ストーリーズに動画を投稿する

1 画面下部の「+」をタップ。

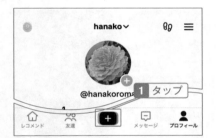

2 SECTION06-11の手順3の画面で、「撮影」アイコンをタップして写真を撮影するか、長押しで動画撮影する。

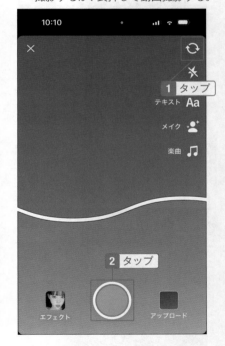

TikTokのストーリーズとは

インスタやLINEと同様に、TikTokにも24時間で投稿が削除される「ストーリーズ」の機能があります。他のユーザーがストーリーズを投稿していると、アイコンの周囲が水色の丸で囲まれるので、タップして視聴することが可能です。視聴が終わると白色の丸に変わります。Instagramの場合はストーリーズを見ると足跡が付きますが、TikTokの場合は設定によって付かない場合もあります（執筆時点）。

撮影済みの動画や写真を使うには

右下の「アップロード」をタップして撮影済みの写真や動画を投稿することも可能です。

3 SECTION06-11と同様に「楽曲を選ぶ」をタップして音楽を入れたり、右側のボタンで編集する。「あなたのストーリーズ」をタップ。

ストーリーズの公開範囲を設定するには

手順3の右上にある ⚙️ をタップすると、公開範囲を「自分のみ」「友達」(相互フォロー)、「誰でも」を指定できます。また、コメントをオフにすることも可能です。

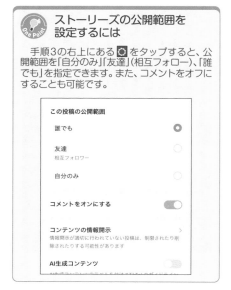

投稿したストーリーズを見る

1 画面右下の「プロフィール」をタップし、プロフィール画像をタップ。

2 再生される。視聴者がいる場合は左下をタップすると閲覧者として確認できる。

06-14

他のユーザーのLIVE配信を見る

📱 他のユーザーとリアルタイムのコミュニケーションを楽しめる

LIVEは、リアルタイムの配信です。ハートのいいねを送ったり、投げ銭のギフトを贈ったりできます。どの配信者も工夫しながら配信しているので、気に入った配信者がいたら応援してあげましょう。

LIVE を視聴する

1 「レコメンド」をタップし、左上の「LIVE」をタップ。

2

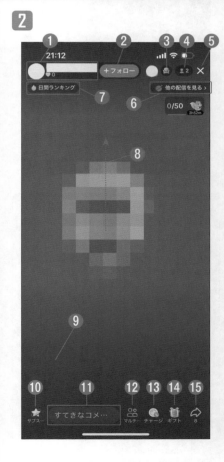

❶ タップすると配信者情報が表示される

❷ フォローできる

❸ 配信者へギフトを贈った1位と2位の
ユーザーのアイコンが表示される

❹ タップすると視聴しているユーザーを
確認できる

❺ 配信を閉じる

❻ 他の配信の一覧が表示されタップで視
聴できる

❼ ランキングが表示される

❽ スワイプすると次の配信者が表示され
る

❾ ユーザーのコメントがある場合、ここ
に表示される

❿ 配信者のサブスクに登録する場合に
タップする。サブスク対応アカウント
のみ表示

⓫ コメントを入力するときにタップする

⓬ LIVEへの参加をリクエストできる。
ゲストは音声または動画で参加可能。
マルチゲスト対応アカウントのみ表示

⓭ チャージできる。バラのアイコンの場
合はバラのギフトを贈れる

⓮ ギフトを贈るときにタップする

⓯ 他のユーザーに紹介したり、報告する
ときにタップする

サブスクとは

配信者が自由に特典を設定できる月額サー
ビスの機能です。特典には、サブスク登録者
限定LIVEや限定動画、オリジナル特典などさ
まざまな内容があります。

3 画面をダブルタップするとハートが
送信される。他のLIVEを見るとき
は、上方向にスワイプする。

4 コメントを入力し、「送信」をタップ
するとコメントを送信できる

 ギフトとは

ギフトは配信者に贈るバーチャルアイテム
のことで、手順2の画面右下にあるプレゼント
の箱」のアイコンをタップして送信できます。
さまざまなギフトがあり、種類によってコイン
数が異なります。また、ギフトを贈ることで経
験値を獲得できるシステムがあり、レベルが上
がるとバッジのデザインが変わり、限定ギフト
を送信できるようになります。コイン1枚につ
き経験値1で、LIVE中に送信されたギフトのみ
が対象です。

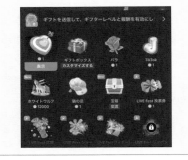

06

人気拡大中！短い動画で個性をアピールできるTikTokを使ってみよう

249

LIVE配信でユーザーとの交流を深める

📱 ユーザーとの距離感が近く、ファンを増やせる

LIVE配信は、リアルタイムで視聴者と交流ができる機能です。歌を歌ったり、話をしたり、ゲーム実況をしたり、アイデア次第でいろいろなパフォーマンスができます。また、視聴者からギフトをもらうことができ、収益の楽しみもあります。

LIVE配信の準備をする

1 「+」をタップ。

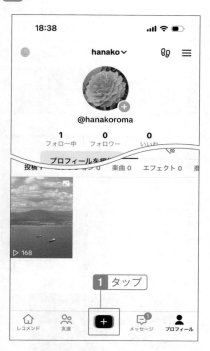

2 「LIVE」をタップし、「展開表示」をタップ。

One Point

LIVE配信とは

LIVE配信は、他のユーザーとリアルタイムでやり取りができる配信のことです。フォロワーが100人前後になると配信できようになります。ファンを増やせるだけでなく、ユーザーからもらうギフトを換金して収入を得られるという楽しみもあります。なお、18歳未満は、LIVE配信はできません。

① 画像を設定する
② タイトルを設定できる
③ ジャンルを設定する
④ LIVE の目標を設定する
⑤ 横にスワイプしてフィルタを設定可能
⑥ タップしてピントを合わせる。そのま ま上下ドラッグで明るさ調整
⑦ インカメラとアウトカメラを切り替える
⑧ 美肌加工ができる
⑨ エフェクトを設定できる
⑩ 配信の設定ができる
⑪ 表示を省略する
⑫ インカメラとアウトカメラの両方を表 示させて配信ができる
⑬ SNS などで配信を紹介する
⑭ LIVE センターを表示する
⑮ サブスク利用の場合に設定できる
⑯ 投票ができる（ステージ2完了の場合）
⑰ 宣伝ができる（ステージ2完了の場合）
⑱ タップして LIVE を開始する
⑲ 条件を満たしている場合にモバイル ゲームの配信ができる

配信を開始する

① 「切り替え」をタップして、インカメラ かアウトカメラかを選択。必要であれ ば美肌とエフェクトをタップして設定 する。その後タイトルを設定し、画面下 部の「LIVE を開始」をタップ。

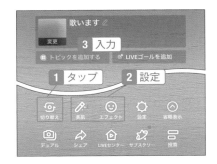

② 終了する際には右上の 🔘 をタップし、 「今すぐ終了」をタップ。

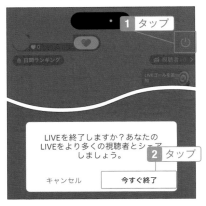

パソコンでTikTokを使う

パソコンでTikTokを使う場合は、ブラウザでTikTokのサイトにアクセスするだけです。ログインする場合も、スマホがあればQRコードで簡単にでき、パスワードを入力する必要もないので見たい動画をすぐに視聴できます。

パソコン版TikTokにログインする

1 パソコンでTikTok「https://www.tiktok.com/ja-JP/」にアクセスし、「ログイン」をクリック。

2 「QRコードを使う」をクリック。

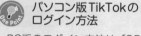

> **パソコン版TikTokのログイン方法**
>
> PC版のログイン方法は、「QRコードを使う方法」の他に、電話番号、メールアドレス、ユーザー名を使う方法があります。

3 QRコードをスマホで読み取る。

4 スマホに表示される「確認」をタップすると、パソコンでログインされる。

PC版TikTokでログインを確認してください

アカウントの管理、通知の確認、動画へのコメントを行えるようになります。

1 タップ

確認

❶ **TikTok**：クリックするとTikTokのホーム（おすすめ）画面が表示される

❷ **検索ボックス**：キーワードを入力して検索できる

❸ **アップロード**：クリックして動画をアップロードする

❹ **メッセージ**：ユーザーからのメッセージが表示される

❺ **通知**：コメントやフォローされたときに通知が表示される

❻ **アイコン**：プロフィール画面やセーブ済み動画、設定画面などを表示する

❼ **おすすめ**：おすすめの動画を視聴できる

❽ **フォロー中**：フォローしているユーザーの動画を視聴できる

❾ **探索**：ダンスやスポーツなどの種類別で動画を探せる

❿ **LIVE**：LINE配信を視聴できる

⓫ **フォロー中のアカウント**：フォローしているユーザーが表示される

⓬ キーボードの↓や↑を使うか、マウスのホイールでスクロールすると次の動画を視聴できる

⓭ いいねやコメントを付けられる

ダイレクトメッセージを送る

TikTokでは、フォローしたときにダイレクトメッセージが届くことがよくあり、スタンプや絵文字だけが送られてくることもあります。見知らぬ人の場合は、最初のうちは深入りせず、挨拶程度にしておくのがよいでしょう。

特定の人に直接メッセージを送る

1 相手の画面下部の「メッセージ」をタップし、Ｑ をタップ。メッセージが届いている場合はこの画面に表示される。

One Point 相手のプロフィール画面から ダイレクトメッセージを送る

相手のプロフィール画面右上にある「メッセージ」をタップして送信できます。ただし、お互いがフォローしていないと送信できません。また、ダイレクトメッセージをオフに設定している人には送信できません。

2 送りたい人を検索してタップ。

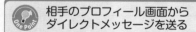

3 メッセージを送信できる。

❶ オンラインか否かがわかる（SECTION 06-25参照）

❷ 不快なメッセージが届いた場合はタップして通報できる

❸ 通知のオンオフ・ピン留め・ブロックができる

❹ 顔文字やGIF画像を送れる

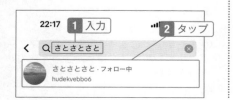

06-18

非公開にして特定の人だけに
動画を見せる

📱 ⌇≒ **仲間内で動画を披露する楽しみ方もできる**

TikTokに投稿された動画は、初期設定ではすべてのユーザーが見られるようになっていますが、承認した人だけが視聴できるように設定を変えられます。子供が投稿する場合は、怪しい人に近づけないようにするためにも設定しておいた方がよいでしょう。

投稿を非公開にする

1「プロフィール」画面で、≡をタップし、「設定とプライバシー」をタップ。

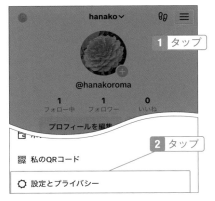

2「プライバシー」をタップ。

3「非公開アカウント」をオンにする。

コメントできる人を制限する

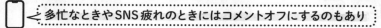

多忙なときやSNS疲れのときにはコメントオフにするのもあり

投稿した動画には誰でもコメントすることができますが、不愉快なコメントが増えてきたら、自分と相手の両方がフォローしている場合のみコメントできるように変更できます。もし、すべてのコメントが不要であれば、オフにしてもかまいません。

相互フォローの場合のみコメントできるようにする

1 「プロフィール」画面で≡をタップし、「設定とプライバシー」→「プライバシー」→「コメント」をタップ。

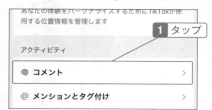

2 「コメント」をタップし、「許可しない」をタップして「×」をタップ。

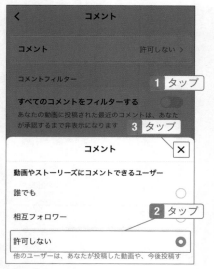

コメントフィルターとは

手順1の後、「すべてのコメントをフィルターする」をオンにすると、すぐにコメントが公開されるのではなく、承認するまで表示させないことができます。また、「フィルターキーワード」をタップしてオンにし、特定のワードを設定して、承認しないと表示されないようにもできます。

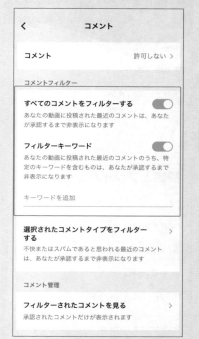

256

06-20

他のユーザーの動画を見たことがわからないようにする

足跡を残さずに視聴する方法

他のユーザーの動画を視聴すると、投稿者はわかります。いいねを付けずに視聴していたことで気まずい関係になることもあるかもしれません。もし気になるようなら設定を変更しましょう。

投稿の視聴履歴をオフにする

1 プロフィール画面右上の［☰］→「設定とプライバシー」→「プライバシー」→「投稿の視聴数」をタップ。

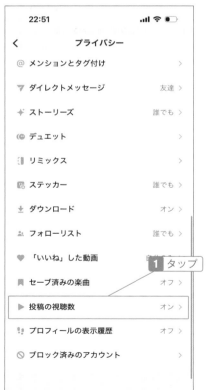

2 「オフ」にする。

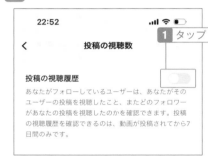

視聴者を確認するには

動画の左下にある「〇回視聴」をタップすると、誰が見たのかがわかります。ただし、確認できるのは投稿日から7日間です。

06

人気拡大中！短い動画で個性をアピールできるTikTokを使ってみよう

他のユーザーのプロフィールを見たことがわからないようにする

💬 相手も自分もプロフィールを見たことがわからないようにできる

「プロフィール」画面右上の足跡のアイコンをタップすると、プロフィールを見た人がわかります。反対に自分が他のユーザーのプロフィールを見ると気づかれます。気づかれたくない場合は設定を変更しましょう。

プロフィールの表示履歴をオフにする

1 プロフィール画面右上の☰→「設定とプライバシー」→「プライバシー」→「プロフィールの表示履歴」をタップ。

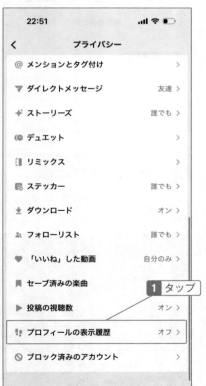

```
        22:51              ·ıll 🔋
  <            プライバシー
  @ メンションとタグ付け            >
  ▼ ダイレクトメッセージ        友達 >
  ✧ ストーリーズ              誰でも >
  ◉ デュエット                    >
  ▮ リミックス                    >
  🔲 ステッカー               誰でも >
  ⬇ ダウンロード                オン >
  👥 フォローリスト            誰でも >
  ♥ 「いいね」した動画        自分のみ >
  🔖 セーブ済みの楽曲
                          1 タップ
  ▶ 投稿の視聴数                オン >
  ⚡ プロフィールの表示履歴      オフ >
  🚫 ブロック済みのアカウント         >
```

2 「プロフィールの表示履歴」をオフにする。

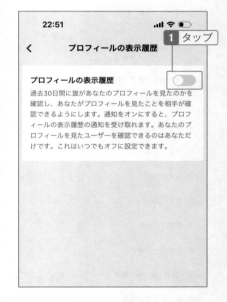

```
        22:51              ·ıll 🔋
                              1 タップ
  <        プロフィールの表示履歴

  プロフィールの表示履歴           (  )
  過去30日間に誰があなたのプロフィールを見たのかを
  確認し、あなたがプロフィールを見たことを相手が確
  認できるようにします。通知をオンにすると、プロ
  フィールの表示履歴の通知を受け取れます。あなたの
  プロフィールを見たユーザーを確認できるのはあなただ
  けです。これはいつでもオフに設定できます。
```

One Point プロフィールの表示履歴

　過去30日以内に、だれがプロフィールを見たかが履歴として表示されます。また、この設定をオンにすると、自分が他のユーザーのプロフィールを見たときに、プロフィールを見たことが気付かれます。なお、この機能が使えるのは、フォロワー数が5,000人未満で、16歳以上のユーザーのみです。

過去に視聴した動画の履歴を削除する

 レコメンドに見たくない動画が増えてきたときの対応策

視聴履歴には、過去180日間に視聴した動画が表示され、おすすめ動画の参考データとして利用されます。たびたび興味のない動画がおすすめに表示される場合は、履歴を削除しましょう。なお、LIVEとストーリーズは含まれません。

視聴履歴を確認する

1 プロフィール画面右上の≡→「設定とプライバシー」→「アクティビティセンター」→「視聴履歴」をタップ。

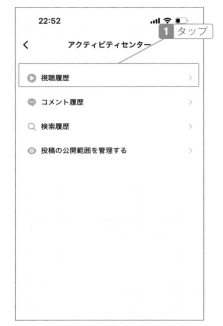

2 画面右上の「選択」をタップし、左下の「すべての視聴履歴を選択」をタップして「削除」をタップ。

特定の動画のみ削除する場合

すべての動画ではなく、特定の動画のみ削除する場合は、手順2で動画をタップし、「削除」をタップします。

履歴をダウンロードするには

視聴履歴を削除すると元に戻せません。視聴履歴を保存しておきたい場合は、「設定とプライバシー」→「アカウント」→「データをダウンロード」をタップした画面でリクエストすると、コメント履歴やチャット履歴などと一緒にダウンロードできます。なお、リクエストの処理に数日かかる場合があります。

関わりたくない人をブロックして遮断する

TikTokは若者の利用者が多く、特に投稿したてのときは、おすすめに表示されるのでいろいろな人の目に触れます。もし、しつこい人や不快なコメントをする人がいたら、ブロックすることも可能です。そうすれば、その人の投稿やコメントが表示されなくなります。

ブロックする

1 ブロックする人のプロフィール画面を表示する。🔄 をタップし、「ブロック」をタップ。

2 「ブロック」をタップ。

3 解除する場合は「ブロックを解除」をタップ。

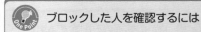

💡 ブロックした人を確認するには

　画面下部の「プロフィール」をタップし、≡ をタップし、「設定とプライバシー」→「プライバシー」→「ブロック済みのアカウント」でブロック一覧を見ることができます。

通信量を抑えて視聴する

📱 容量制限のある通信プランを使用している場合は設定しよう

データ通信量に制限があるプランを使用している人は、使用量が気になると思います。そこで、データセーバーの設定をしましょう。動画の解像度を下げることで通信量を抑えることができます。

データセーバーをオンにする

1 プロフィール画面右上の≡→「設定とプライバシー」→「データセーバー」をタップ。

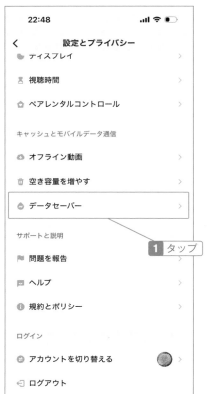

2 タップして「オン」にする。

データセーバーとは

モバイル回線のデータ通信量を抑制し、モバイル通信の際にデータ容量を抑えられる設定です。ただし、動画の画質が悪くなったり、読み込み時間が長くなったりする場合があります。

06

人気拡大中！短い動画で個性をアピールできるTikTokを使ってみよう

06-25

子供の利用を制限・管理する

🔲 ⟨ **子供の使い過ぎが心配なら早めに設定しておくと安心** ⟩

TikTokは若者が利用するSNSとして有名なので、それを知って近寄ってくる大人もいます。心配な場合は、子供の利用時間やプライバシーの設定をしておくとよいでしょう。ペアレンタルコントロールを使うと、利用時間を制限することができます。

ペアレンタルコントロールを設定する

1 「プロフィール」画面で☰をタップし、「設定とプライバシー」の「ペアレンタルコントロール」をタップ。次の画面で「続ける」をタップ。

2 「保護者」をタップし、「次へ」をタップすると、QRコードが表示される。

3 子供のスマホで「設定とプライバシー」画面の「ペアレンタルコントロール」をタップし、「お子様」を選択して保護者のQRコードをスキャンし、「アカウントをリンクする」をタップ。

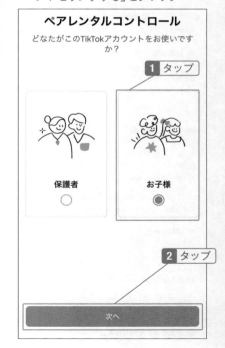

06-26

オンラインであることがわからないようにする

お互いがフォローしている場合、現在TikTokを使っていることがわかるようになっています。
そのため、TikTokを楽しんでいるときにダイレクトメッセージが届くかもしれません。知られたくない場合は、オフに設定しましょう。

アクティビティステータスをオフにする

1 「プロフィール」画面で ☰ をタップし、「設定とプライバシー」→「プライバシー」をタップ。

2 「アクティビティステータス」をタップしてオフにする。

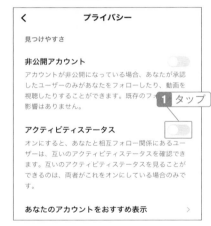

相手がオンラインであることがわかる

相互フォローしている友達が同じ時間にTikTokを使っていると、メッセージ画面のアイコンの横に緑の丸が付き、「現在アクティブ」と表示されます。ただし、両方がアクティビティステータスをオンにしている場合のみで、相手がオフにしている場合は表示されません。

06

人気拡大中!短い動画で個性をアピールできるTikTokを使ってみよう

06-27

TikTokの利用を止める

削除するとすべて消えるので利用停止も考えよう

始めてみたものの全く使わないといった場合、アカウントをそのまま残しておいても特に問題
はないですが、気になるようであれば削除できます。削除した場合、30日以内なら復活でき
ますが、30日を過ぎるとすべてが削除されるので注意してください。

アカウントを削除する

1「プロフィール」画面で、☰ をタップ
し、「設定とプライバシー」→「アカウ
ント」→「アカウントを利用停止にす
るか削除する」をタップ。

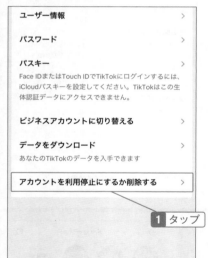

ユーザー情報	>
パスワード	>
パスキー	>

Face IDまたはTouch IDでTikTokにログインするには、
iCloudパスキーを設定してください。TikTokはこの生
体認証データにアクセスできません。

ビジネスアカウントに切り替える	>
データをダウンロード	>

あなたのTikTokのデータを入手できます

アカウントを利用停止にするか削除する	>

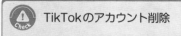

1 タップ

> ⚠️ Check **TikTokのアカウント削除**
>
> アカウントを削除するとこれまでの投稿が
> すべて削除されます。30日以内ならアカウン
> トを復活させることができます。ですが、30日
> を過ぎるとすべて削除されてしまうので、一時
> 的に利用停止にすることも検討してください。
> そうすれば、いつでもすべてのコンテンツを復
> 元できます。

2「アカウントを完全に削除」をタップ。
再開する予定がある場合は「アカウン
トの利用停止」をタップ。次の画面で
削除する理由を選択。

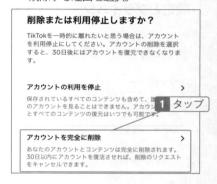

削除または利用停止しますか?

TikTokを一時的に離れたいと思う場合は、アカウント
を利用停止にしてください。アカウントの削除を選択
すると、30日後にはアカウントを復元できなくなりま
す。

アカウントの利用を停止 >

保存されているすべてのコンテンツも含めて、誰も
このアカウントを見ることはできません。アカウン
とすべてのコンテンツの復元はいつでも可能です。

1 タップ

アカウントを完全に削除 >

あなたのアカウントとコンテンツは完全に削除されます。
30日以内にアカウントを復活させれば、削除のリクエスト
をキャンセルできます。

3 チェックを付けて「続ける」をタップ。
次の画面で同意し「続ける」をタップ。

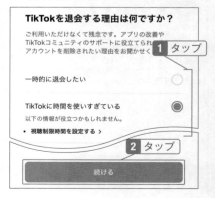

TikTokを退会する理由は何ですか?

ご利用いただけなくて残念です。アプリの改善や
TikTokコミュニティのサポートに役立てられ
アカウントを削除されたい理由をお聞かせく

1 タップ

一時的に退会したい ○

TikTokに時間を使いすぎている ◉

以下の情報が役立つかもしれません。

• 視聴制限時間を設定する >

2 タップ

続ける

Chapter

07

Instagramと一緒に
Threadsを使ってみよう

Threadsは、本書で紹介するSNSの中で一番新しいSNSです。一見、他のSNSと同じように見えるかもしれませんが、使ってみると独特の雰囲気があり、Threadsユーザーの多くが本来の自分をそのまま表現しているように見えます。そのため、共感できる友達を見つけやすいかもしれません。このChapterでThreadsの一通りの機能を解説するので、まだ使ったことがない人は試してみてください。

Threadsって何？

Xの対抗サービスとして登場したMeta社のSNS

Threadsは、Instagramと同じMeta社のサービスです。Instagramは利用しているけれどThreadsは利用していないという人もいるでしょう。ここでは、ThreadsがどのようなSNSなのかを知らない人のために説明します。

Threadsとは

　Threads（スレッズ）は、InstagramやFacebookを提供しているMeta社のSNSです。2023年7月、Twitter（現X）の仕様変更によってユーザーが混乱している中、代替サービスとして注目され、急速にユーザー数を増やしました。その後、ユーザー数の急増は落ち着きましたが、気軽に投稿できるSNSとして利用している人も多く、今でもInstagramからの新規ユーザーが少しずつ増えています。

　短文を投稿するXと似ていますが、異なる部分もあります。Xの場合、1つの投稿は140字までですが、Threadsは500字までの文章を入れることが可能です。また、ThreadsユーザーはInstagramを利用しているため、写真を投稿するケースが多く見られます。

　アカウントの名前はInstagramと同じものを使用します。フォロー・フォロワーはInstagramとは別にできますが、Instagramのフィード画面に「おすすめのスレッド」として表示される場合があるので、Instagram上のフォロワーの悪口や気まずい内容を書かないように気を付けてください。

▲Threadsの画面

▲スレッドをぶらさげて投稿できる

■投稿

文字の投稿がメインのSNSですが、写真やイラストを入れる人も多いです。

■音声や動画の投稿

写真はもちろん、音声や動画の投稿もできます。

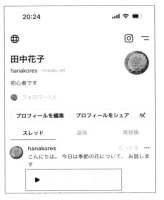

■アンケート

ユーザーに聞きたいことや調べたいことがあればアンケートを取ることができます。

■タグ

タグをタップすると同じタグが設定されているスレッドを見ることができます。

 解説に使用している画面

執筆時の画面で解説しています。今後アプリのアップデートにより画面が変わる場合があります。

Threadsの利用を開始する

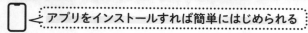

アプリをインストールすれば簡単にはじめられる

Threadsを始めるにはInstagramのアカウントが必要です。すでにInstagramを利用している場合は、Threadsアプリをインストールすればすぐに始められます。まだInstagramを始めていない人はInstagramのアカウントを取得してください。

Threadsにログインする

1 ホーム画面の「Threads」をタップ。

2 Instagramを使用しているアカウントが表示されているのでタップ。

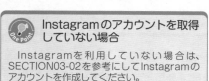

Instagramのアカウントを取得していない場合

Instagramを利用していない場合は、SECTION03-02を参考にしてInstagramのアカウントを作成してください。

3 自己紹介やリンクを入れる場合は
タップして入力し、「スキップ」を
タップ。

5 「Threadsに参加する」をタップ。

 **プロフィールをInstagramか
ら引き継ぎたい場合**

手順3で「Instagramからインポート」をタッ
プすると、Instagramに設定したアイコンや自
己紹介をThreadsに引き継ぐことができます。

4 全員が見られるようにするには「公
開プロフィール」、フォロワーのみに
見せる場合は「非公開プロフィール」
をタップ。その後「次へ」をタップ。

6 Threadsの画面が表示される。

07-03

プロフィールを編集する

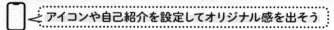

アイコンや自己紹介を設定してオリジナル感を出そう

Threadsのプロフィール画面はInstagramとは分けて設定できます。アイコンもInstagramとは別の設定ができるのでオリジナルの画像を設定しましょう。SECTION07-02で自己紹介を入力しなかった場合はここで設定することもできます。

プロフィールアイコンを設定する

1 画面下部の「プロフィール」アイコンをタップし、「プロフィールを編集」をタップ。

2 プロフィールアイコンをタップ。し、「ライブラリから選択」をタップ

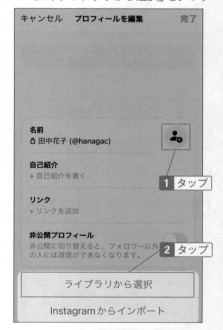

プロフィールをシェア

自分のThreadsアカウントを紹介したい場合は、手順1で「プロフィールをシェア」をタップすると、他のSNSやメールなどで自分のプロフィールページを送ることができます。

3 写真をタップ。

4 ピンチアウトとドラッグで必要な部分のみを囲み「選択」をタップ。

5 自己紹介やリンクを修正する場合は入力し、「完了」をタップ。

6 プロフィールを設定した。

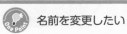 **名前を変更したい**

　Threadsの名前はInstagramと連動しています。変更したい場合はInstagram上で変更してください。

Instagramと一緒にThreadsを使ってみよう

Threadsの画面構成

Threadsの画面構成はシンプルです。まだ新しいSNSなので機能が追加される場合もありますが、現在は複雑な機能がないため、誰にでも使いやすい設計になっています。ひとまずホームのフィード画面とプロフィール画面を確認しておけば大丈夫です。

フィード画面

❶ おすすめ：おすすめのスレッド（投稿）が表示される

❷ フォロー中：フォローしている人のスレッドが表示される

❸ スレッドが表示される

❹ フィードを表示する

❺ ユーザーを検索する

❻ スレッドを投稿する

❼ いいねやコメント、再投稿などがあったときに通知が表示される

❽ プロフィール画面を表示する

「おすすめ」と「フォロー中」タブがない

上部の◎をタップするか、左下の「フィード」アイコンをタップすると「おすすめ」と「フォロー中」のタブが表示されます。

プロフィール画面

1. プライバシー設定画面を表示する。非公開の場合は「鍵」のアイコンが表示される
2. 名前
3. ユーザー名
4. 自己紹介が表示される
5. フォロワーの数。タップするとフォロワー、フォロー一覧が表示される
6. Instagramに移動する
7. 設定画面を表示する
8. 名前や自己紹介を編集する
9. プロフィールを他のアプリで共有する
10. おすすめを表示する
11. 投稿したスレッドが表示される
12. 返信したスレッドが表示される
13. 再投稿したスレッドが表示される

Instagramと1緒にThreadsを使ってみよう

07-05

他の人のスレッドにいいね！を付ける

📱 ─< 気に入った投稿にいいね！を付けよう ⟩

他のSNSと同じように、ハートのアイコンをタップするといいね！を付けることができます。いいね！を付けた投稿は、後からいつでも見ることが可能です。

「いいね！」アイコンをタップする

1 ♡をタップ。

2 いいね！を付けた。

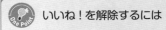 **いいね！を解除するには**

赤いハートをタップするといいね！を解除することができます。

いいね！を付けたスレッドを見る

1 右下の「プロフィール」アイコンをタップ。

2 ≡をタップ。

3 「あなたのいいね！」をタップ。

4 いいね！を付けたスレッドが表示される。

Instagramと一緒にThreadsを使ってみよう

他の人のスレッドにコメントを付ける

📱 ┄< 相手の気持ちを考えて返信しよう ┄>

Threadsは、本音を書きこむ投稿が多いです。返信する際、肯定的な内容は歓迎されますが、批判的な内容を投稿すると関係が気まずくなることもあるので注意です。他のユーザーも閲覧できるので、書き込む前によく考えてから投稿しましょう。

返信を投稿する

1 ⌂ をタップ。

2 入力して「投稿する」をタップ。

3 返信した。削除する場合は右端の ⋯ をタップして「削除」をタップ。

過去の返信を見るには

自分のプロフィール画面で「返信」タブをタップすると、過去の返信を見ることができます。なお、他の人のプロフィール画面の「返信」タブでも、その人の返信一覧を見ることが可能です。

07-07

気に入ったユーザーを登録する

📱 お気に入りのユーザーをフォローしよう

フィードにはおすすめのスレッドがたくさん表示されます。気に入った投稿者がいたらフォローしましょう。人によってはフォローを返してくれる場合もあり、交流のきっかけになります。

フォローする

1 ユーザーネームをタップ。

2 相手のプロフィール画面が表示されるので、「フォロー」をタップ。

💡 **One Point 素早く画面でフォローするには**

手順1でユーザーのアイコンをタップすると、すぐにフォローできます。

3 「フォロー中」と表示された。

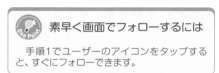

07

Instagramと一緒にThreadsを使ってみよう

スレッドに投稿する

> 文字だけでなく写真や音声も投稿できる

スレッドには、文字だけでなく写真や動画を入れた方が読んでもらいやすいです。音声も投稿できます。工夫をして多くの人に見てもらえるようにしましょう。

文字と写真を投稿する

1 画面下部の「投稿」のアイコンをタップ。

2 文章を入力し、◙をタップ。

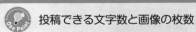

> **One Point** 投稿できる文字数と画像の枚数
>
> スレッドに入れられるのは500字までです。画像は10枚まで入れられます。動画は5分まで可能です。

3 写真をタップし、「追加」をタップ。

4 「投稿する」をタップ。

 音声を投稿するには

手順2で🎤をタップして音声を投稿することも可能です。

5 投稿した。

 500字を超える場合

1つのスレッドには500字まで入力できます。それ以上の文字数になる場合は手順2で「スレッドに追加」をタップし、スレッドを追加します。そうすることでスレッドにぶら下げることが可能です。

> **hanakores** たった今 ⋯
> Threads（スレッズ）は、InstagramやFacebookを提供しているMeta社のSNSです。
> 2023年7月、Twitterの仕様変更によってユーザーが混乱している中、代替サービスとして注目され、急速にユーザー数を増やしました。その後、ユーザー数の急増は落ち着きましたが、気軽に投稿できるSNSとして利用している人も多く、今でもInstagramからの新規ユーザーが少しずつ増えています。
>
> ♡ ◯ ↻ ▽
> 1返信

> **hanakores** たった今 ⋯
> X（旧Twitter）と似ていますが、異なる部分もあります。Xの場合、1つの投稿は140字までですが、Threadsは500字までの文章を入れられます。また、ThreadsユーザーはInstagramを利用しているので、写真を入れているケースも多く見られます。
>
> ♡ ◯ ↻ ▽

> **hanakores** たった今 ⋯
> アカウントの名前はInstagramと同じものを使用します。フォロー・フォロワーはインスタとは別にできますが、Instagramのフィード画面に「おす

SECTION

07-**09**

タグやメンションを入れて投稿する

📱 キーワードをタグで入れれば興味のある人に見てもらいやすい

多くの人にスレッドを見てもらい時にはタグを使いましょう。そのキーワードに興味を持っているユーザーに見てもらいやすくなります。また、メンションも使えるので一緒に説明します。

タグを入力する

1 文章を入力し、スペースを入れるか、または改行してから「#」をタップ。

2 キーワードを入力。候補があればタップ。

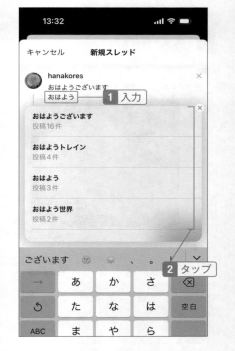

タグとは

タグは、キーワードを使って分類ができる機能です。タグをタップすると、同じキーワードが付いたスレッドが表示されて閲覧できます。XやInstagramのハッシュタグには「#」が付きますが、Threadsのタグは「#」は表示されず、青色の文字だけです。また、Threadsの場合は1つのタグのみです。

280

3 タグが青色で表示される。「投稿する」をタップ。

4 タグを付けた。#は表示されない。

簡単にタグを利用して投稿するには

他のユーザーのスレッドにタグが入っていれば、右端の#をタップするとそのタグを使って投稿することができます。

メンションを入力する

1 半角の「@」を入力してからユーザー名を入力すると、候補が表示されるのでタップして投稿する。

メンションとは

他のSNSと同様に、Threadsでも半角の「@」のメンションを使えます。指定されたユーザーには通知が届き、気づいてもらえる仕組みになっています。

2 青字で表示されるので文章を完成させて投稿する。

投稿したスレッドを編集する

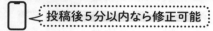 投稿後5分以内なら修正可能

投稿した後に、ミスを見つけたり、付け加えたいことがあった場合、編集することが可能です。ただし、投稿後5分という制限時間があります。5分を過ぎた場合は編集できなくなります。

スレッドの文章を編集する

1 スレッドの右上にある⋯をタップし、「編集」をタップ。

2 入力して「完了」をタップすると投稿される。

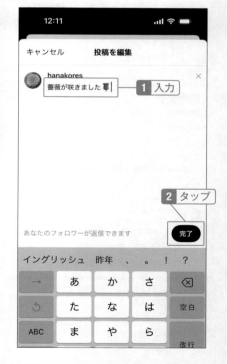

 スレッドの編集

　Threadsでは、投稿して5分以内なら編集が可能です。5分を過ぎると編集できないので、その場合は訂正の文章を投稿するか、削除して投稿し直してください。

07-**11**

アンケートを投稿する

📱 知りたいことをThreadsユーザーに聞いてみよう

Threadsは、アンケートの機能もあります。回答の選択肢は4つまでですが、調査したいことがあれば聞いてみるとよいでしょう。アンケートを見たユーザーはタップで簡単に答えられます。

アンケートを作成する

1 投稿画面で☰をタップ。

2 質問と回答を入力。3つ目の選択肢を追加する場合は「別の選択肢を追加」タップして入力。

アンケートに回答する

アンケートを見た人が回答すると黒く表示され、24時間後に最終結果が表示されます。

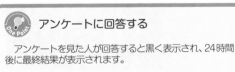

投稿したスレッドを取り消す

📱 ┊ スレッドを取り消したいときには削除できる ┊

投稿後5分以内なら修正ができますが、公開を取り止めたいときには削除することが可能です。ただし、削除を繰り返していると不審に思われる場合もあるので気を付けてください。

スレッドを削除する

1 自分のスレッドの右上にある⋯を
タップし、「削除」をタップ。

2 「削除」をタップすると削除される。

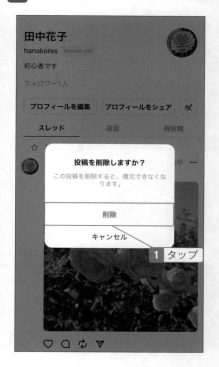

 削除したスレッド

スレッドを削除すると元に戻せません。よく確認してから「削除」をタップしてください。

07-**13**

返信できる人を指定する

📱 ⌐返信者を限定することが可能 ⌐

たとえば、友達と旅行に行った写真を載せたとき、その友達だけに返信してもらいたい場合
は、メンションを入れてから返信者を設定します。フォローしている人だけに返信してもらうこ
とも可能です。

メンションした人だけを返信可能にする

1 スレッドの投稿画面の下部にある
「すべての人が返信できます」をタッ
プ。

2 「メンションのみ」をタップ。

 返信対象

デフォルトでは、すべての人が返信できます
が、メンションした人またはフォローしている
人だけが返信するようにできます。フォローし
ている人にする場合は、手順2で「フォロー中
のプロフィール」を選択してください

他のユーザーのスレッドを再投稿して共有する

📱⟨ **Threadsにも Xのリポストと同じ機能がある** ⟩

他のユーザーのスレッドで興味深い記事や写真を見つけた場合、再投稿して皆にひろめましょう。アイコンをタップするだけで投稿できます。なお、コメントを入れて投稿したい場合は次のSECTIONの引用を使用してください。

再投稿する

1 スレッドの下にある🔁をタップ。

2 「再投稿」をタップ。

3 自分のプロフィール画面の「再投稿」タブに表示される。

 再投稿を削除するには

再投稿したスレッドの下にある🔁をタップし、「削除」をタップします。

07-15

引用して投稿する

 他の人の投稿にコメントを付けて投稿できる

前のSECTIONは、他の人のスレッドをそのまま再投稿しますが、自分の意見や感想のコメントを付けて投稿する場合は「引用」を使います。プロフィール画面には、通常の投稿と一緒に表示されるので、再投稿より見てもらいやすいです。

コメントを付けて再投稿する

1 スレッドの下にある🔁をタップし、「引用」をタップ。

2 文章を入力し、「投稿する」をタップ。

3 文章と一緒に再投稿した。元の投稿は線で囲まれている。

 引用を削除するには

投稿の右上にある⋯をタップし、「削除」をタップします。

フォロワー以外にスレッドを見られない ようにする

—< 非公開にすれば特定の人だけに投稿を見せることができる :

デフォルトでは、すべての人が投稿を見ることができます。もし特定の人だけに見せたい場合はフォロワーだけが見られるように設定を変えましょう。新しくフォローされたときには、承認すれば見ることができます。

非公開設定にする

1 プロフィール画面の右上にある☰をタップし、「プライバシー設定」をタップ。

2 「非公開プロフィール」をオンにする。メッセージが表示されたら「OK」をタップ。

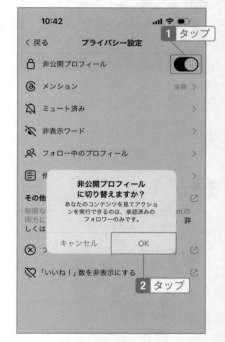

 非公開プロフィールとは

非公開プロフィールをオンにすると、フォロワーだけが見られるようになります。新しくフォローされた場合は、承認しないとフォロワーになれないので、怪しい人や嫌がらせをする人に見られることはありません。

07-**17**

いいね！の数が見えないようにする

📱 他のユーザーにいいね！の数を知られたくないようにできる

デフォルトでは、スレッドに付いたいいね！の数が表示され、誰でも見ることができます。どれだけいいね！が付いたかを知られたくない場合は非表示にすることも可能です。

いいね！の数を非表示に設定する

1 プロフィール画面の右上にある☰をタップし、「プライバシー設定→「「いいね！」数とシェア数を非表示」をタップ。

2 スライダをタップしてオン（青色）にする。

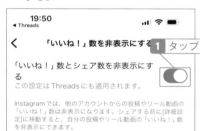

いいね！の数

デフォルトではスレッドにいいね！の数が表示されます。表示したくない場合は非表示にできます。

迷惑な人をブロックする

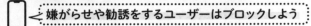

嫌がらせや勧誘をするユーザーはブロックしよう

インターネット上にはいろいろな人がいます。中には不愉快な内容や怪しいサービスへの勧誘を送ってくる人もいます。そのようなユーザーと距離を置きたい場合にはブロックしましょう。もし間違えてブロックした場合は簡単に解除できます。

ユーザーをブロックする

1 ブロックする人のプロフィール画面右上の┄をタップし、「ブロック」をタップ。

2 「ブロック」をタップ。

ブロックを解除する

1 プロフィール画面の右上にある☰を
タップし、「プライバシー設定」を
タップ。

```
          8:43              ‹ 戻る          設定

+𝟚  友達をフォロー・招待する

🔔  お知らせ

♡  あなたの「いいね！」

🔒  プライバシー設定

②  アカウント        ┌─────────┐
                    │ 1  タップ │
🐠  ヘルプ           └─────────┘

ⓘ  基本データ

プロフィールを切り替える

ログアウト
```

2 「ブロック済みのプロフィール」を
タップ。

```
         10:47             ‹ 戻る      プライバシー設定

🔒  非公開プロフィール          ○

ⓐ  メンション              全員 ›

🔕  ミュート済み               ›

👁  非表示ワード               ›

👥  フォロー中のプロフィール      ›

☰  他のアプリで投稿をおすすめする  ›
                    ┌─────────┐
その他のプライバシー設定 │ 1  タップ │
                    └─────────┘
制限などの一部の設定は、Threads と Instagram の
両方に適用され、Instagram 上で管理できます。詳
しくはこちら

⊗  ブロック済みのプロフィール    ↗

🚫  「いいね！」数を非表示にする   ↗
```

3 「ブロックを解除」をタップし、「ブ
ロックを解除」をタップ。

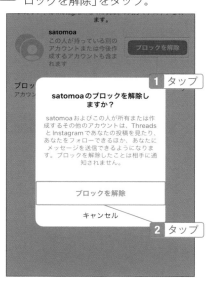

```
satomoa のブロックを解除し
       ますか？

satomoa およびこの人が所有または作
成するその他のアカウントは、Threads
と Instagram であなたの投稿を見たり、
あなたをフォローできるほか、あなたに
メッセージを送信できるようになりま
す。ブロックを解除したことは相手に通
         知されません。

      ブロックを解除

       キャンセル
```

┌─────────┐ ┌─────────┐
│ 1 タップ │ │ 2 タップ │
└─────────┘ └─────────┘

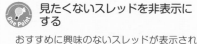

見たくないスレッドを非表示に
する

おすすめに興味のないスレッドが表示され
た場合は、右上にある⋯をタップし、「非表示に
する」をタップすると非表示にし、以降は表示
されなくなります。

```
ミュート

ブロック

非表示にする

報告する
```

07-19

Threadsの利用を止める

📱 利用を止めることも一時的に停止することも可能

Threadsの利用をはじめたが、自分には合わないというときには利用を止めることができます。Threadsを止めてもInstagramはそのまま使えるので安心してください。

プロフィールを削除する

1 プロフィール画面右上の☰をタップし、「アカウント」→「プロフィールを利用解除または削除」をタップ。

2 「プロフィールを削除」をタップ。

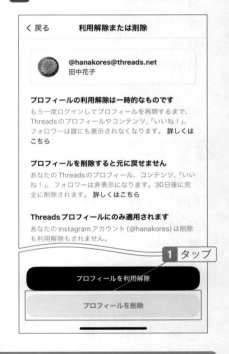

💡 **プロフィールの削除**

「プロフィールを削除」を選択するとThreadsのプロフィールが削除されます。30日以内なら再開できますが、30日を過ぎると完全に削除されるので気を付けてください。一時的に利用しない場合は、「プロフィールを利用解除」を選択するといつでも再開できます。なお、Threadsのプロフィールを削除してもInstagramのアカウントは削除されません。

専門家に聞く
SNSを使うなら知っておきたい
著作権のQ&A

SNSを使っていて感じる、著作権に関する疑問についてのQ&Aです。知らずに違反してしまうことのないよう、ここで確認しておきましょう。各SNSの利用規約を確認したり、著作権や肖像権などについて解説しているサイトなどを参照するのも有用です。また、もし実際にトラブルになってしまった場合は、専門家に相談することも検討するとよいでしょう。

Q.1 テレビ番組の画面を撮った写真や録画した動画はSNSに投稿したらまずい？

　テレビ番組は著作物になりますので、テレビ番組の画面を撮った写真や録画した動画をＳＮＳに投稿する行為は著作権侵害に該当します。テレビ番組は、放送事業者、原作者や脚本家、音楽制作者、出演者などの様々な方の権利が組み合わさった複雑な著作物で、テレビ番組の画面の写真や映像を複製したり、公開したりする場合は、これらの方全員の許可を得る必要があります。

　なお、家庭内で個人的に録画をして楽しむ行為は私的使用の範囲内であり、著作権法上、自由にできることとなっています（著作権法３０条）。また、学校の先生が教育の目的で、自分の授業にテレビ番組を使うことも自由にできるとされています（著作権法３５条）。

　SNSでの投稿は私的使用にも、教育目的にも該当しませんので、無断で行うことが無いように注意しましょう。

Q.2 書籍の表紙や中身を写真に撮って載せてもかまわない？

　書籍の表紙についても、絵やデザインなどの工夫により創作性が認められる場合には、著作物として保護されます。そのため、書籍の表紙の写真を撮って無断でウェブサイトやＳＮＳに投稿すると著作権侵害の危険があります。

　他方で、インターネットの通販サイトや、ヤフオクやメルカリなどのオークションサイトで、販売の目的で本の表紙の写真を掲載することは法律上許されています。ただし、商品の販売に必要な範囲でのみ掲載は許され、粗い画像を用いる必要があります（原則として３２４００画素以下）。

　書籍の中身も著作物として著作権保護の対象となっていますので、書籍の中身の写真をウェブサイトやＳＮＳに掲載する行為は、より著作権侵害の危険が高まります。書籍の表紙とは異なり、本の販売目的であっても、通販サイトやオークションサイトに掲載することは原則としてできません。オークションサイトで本の汚れや、赤線の箇所を紹介するという目的の場合は、一部分を掲載するにとどめ、文章全体が写らないように注意しましょう。

Q.3 書籍や映画の内容を説明する動画を投稿してもＯＫ？

　書籍や映画のあらすじを動画で投稿する場合、そのあらすじを聞けば書籍等のあらましが分かるようなものは著作権侵害の危険があります。一方で、ごく短い内容での説明に留め、自分の言葉で表現する場合は書籍や映画の内容を説明する動画を投稿することも可能です。

　なお、ファスト映画のように、他人の映画を短時間のものに編集し、ナレーションをつけるなどしてあらすじを紹介する動画を投稿することは著作権侵害となりますので、行ってはいけません。

Q.4 お店に陳列されている商品の写真や動画を撮って載せてもいい？

商品のデザイン性が高い場合は商品自体が著作物として著作権法による保護を受けることがあります。また、商品にキャラクターが使用されていると、著作物として保護の対象になります。そのため、著作物として保護される商品の写真や動画をウェブサイトに掲載する行為は厳密にいえば、著作権を侵害する可能性のある行為となります。

もっとも、商品の画像や動画がウェブサイトで投稿されることでその商品の宣伝になるため、メーカーが黙認している場合が多いといえます。ただし、黙認は、許諾とは異なり、著作物の利用が正式に認められている状態ではなく、不安定な状態です。

他方で、お店に陳列されている未購入の商品については、お店側が「写真はOK。SNSへの投稿は禁止」、「写真もSNSへの投稿もダメ」として禁止している場合があります。この場合は無断で撮影をしてSNSに投稿すると、お店側の施設管理権に違反する行為を行っていることになりますので、無断での写真撮影やSNSでの掲載は行わないようにしましょう。

Q.5 映画のポスターの前で撮影した写真を投稿してもいいの？

映画のポスターは著作物に該当しますので、映画のポスターの前で撮影した写真をウェブサイトに投稿する行為は、厳密にいえば著作権を侵害しうる行為になります。もっとも、映画のポスターはそもそも宣伝目的で掲示されているものであり、ポスターの内容がウェブサイトなどで広められることはあらかじめ想定されています。そのため、個人の方がSNSで投稿する行為について、ポスターの著作権者が事実上黙認している場合が多いです。

なお、映画のポスターが写真にたまたま写り込んでしまった場合は、著作権法上の規定で、当該写真をインターネットに掲載することは原則として許容されています（著作権法３０条の２）。

Q.6 ディズニーランドでキャラクターを撮影して載せていいの？

著作権法３０条の２は、写真や映像などの撮影をするにあたり、メインの写真や映像に付随して撮影の対象となる他人の著作物について、その著作物が軽微な構成部分となるに過ぎない場合、正当な範囲内で、著作権者の利益を不当に害することのない態様で利用することができると規定しています。

ディズニーランドでキャラクターと一緒に写った写真について、その写真をＳＮＳ上で親しい友人のみに、単に近況を報告するために公開する行為については、著作権法３０条の２の規定で許容される場合が多いといえます。

一方で、キャラクターのみを撮影して、ＳＮＳやウェブサイトで公開する行為は、著作権侵害に該当する可能性が高まります。キャラクターの写真のみを集めた独自のウェブサイトを作るなど度が過ぎた行為は、著作権侵害の警告を受ける可能性が高いので注意しましょう。

Q.7 キャラクターのぬいぐるみやプリントＴシャツを投稿に載せても大丈夫？

著作権法30条の２は、写真や映像などの撮影をするにあたり、メインの写真や映像に付随して撮影の対象となる他人の著作物について、その著作物が軽微な構成部分となるに過ぎない場合、正当な範囲内で、著作権者の利益を不当に害することのない態様で利用することができると規定しています（Q.6を参照）。

記念写真などをとる目的で写真や映像をとって、キャラクターのぬいぐるみやプリントＴシャツが写真に写り込んだ場合は、キャラクターは付随的に写り込んだに軽微なものといえるため、その写真や映像を複製したり、インターネットで公開したとしても著作権侵害とならないケースが多いです。

また、キャラクターのぬいぐるみやプリントＴシャツを販売する目的でオークションサイトなどに掲載する行為は著作権法上許されています（Q.2を参照）。

Q.8 アニメや漫画のキャラクターを自分で描いて、SNSの アイコンに使ってもいい？

　個人の方が、鑑賞用にアニメや漫画のキャラクターを自分で描く行為については、著作物の私的使用（著作権法３０条）の範囲内ですので、著作権侵害に該当しません。

　他方で、私的使用の例外は、公衆送信権（インターネットでの公開）についてまでは及びませんので、自分の描いたアニメや漫画のキャラクターをSNSのアイコンで公表する行為は、キャラクターの著作権者の公衆送信権を侵害する行為となります。描かれたキャラクターが、アニメのキャラクターと細部まで一致していなくても、その特徴から、アニメのキャラクターを描いたものと知りうるものであれば、著作権の侵害となりえます。

　もっとも、二次創作として同人誌の作成が普及している現代において、自分で描いたアニメのキャラクターをSNSのアイコンとして使用する行為については、著作者が事実上黙認している場合があります。しかし、黙認は、許諾と異なり、著作物の利用が正式に認められている状態ではなく、不安定な状態です。また、アイコン用のキャラクターの作成を請け負って、お金をもらう行為など度が過ぎた行為は、著作権侵害の警告を受ける可能性が高まりますので、注意しましょう。

Q.9 キャラ弁はSNSに投稿していいの？

　個人の方がキャラ弁を自分で作って、食べる行為については、著作物の私的使用（著作権法３０条）の範囲内ですので、著作権侵害に該当しません。

　他方で、私的使用の例外は、公衆送信権（インターネットでの公開）についてまでは及びませんので、キャラ弁をSNSで投稿する行為は、キャラクターの著作権者の公衆送信権を侵害する行為となります。とはいうものの、キャラ弁はそのキャラクターやアニメのファンである消費者が通常作成するものなので、SNSでの公開については著作権者が事実上黙認しているケースが多いです。

　ファン活動を超えて、キャラ弁の販売などの営利目的でSNSの投稿を行うとなると、著作権者も黙認することなく、著作権侵害の警告を受ける可能性が高まります。

　なお、飲食店などが、キャラ弁やキャラクターのお菓子やケーキを製造して販売する行為は、私的使用の範囲外なので、製造自体が著作権の侵害になります。

Q.10 車のナンバーが写っている写真や動画を投稿したらまずい？

　車のナンバーが写っている写真や動画を投稿するとプライバシー権（私生活上の事柄をみだりに公開されない権利）を侵害するおそれがあります。車のナンバー自体は、公道を走行すれば、他人の目に触れるものであり、これを秘匿する一般的な必要性は認められませんが、車のナンバーと周辺の風景があいまって、ある時点で、どこをどのように走っていたかが明らかとなり、行動経緯を示す情報になります。こうした情報は、プライバシーに関わる情報です。したがって、車のナンバーは、モザイク処理等したうえで投稿するのが安全です。

Q.11 他の人が作ったハンドメイド作品が写り込んでいても大丈夫？

　ハンドメイド作品が著作物として、著作権法上、保護される場合は、それほど多くはありませんが、保護される場合もあります。

　著作権法30条の2は、写真や映像などの撮影をするにあたり、メインの写真や映像に付随して撮影の対象となる他人の著作物について、その著作物が軽微な構成部分となるに過ぎない場合、正当な範囲内で、著作権者の利益を不当に害することのない態様で利用することができると規定しています（Q.6、7を参照）。

　設問の例のように、メインの写真や映像に他の人が作った（著作物というべき）ハンドメイド作品が写り込んでしまった場合には、軽微な構成部分に過ぎないといえ、その写真や映像を複製したり、インターネットで公開したとしても著作権侵害とならないケースが多いといえます。一方で、写り込んだ物が写真や映像の面積や時間のほとんどを占めている場合は、軽微な構成部分ではないといえ、著作権侵害に該当する可能性が高まります。また、写り込んだ著作物部分に付加価値をつけて、写真や映像などを販売するような場合は、正当な範囲内での使用とは言えず、著作権侵害に該当する可能性が高いです。

Q.12 スカイツリーやシドニーオペラハウスなど、有名な建築物の写真や動画を投稿するのは問題ない？

スカイツリーやシドニーオペラハウスは、著作物として著作権法上、保護されます。しかし、著作権法は、建築により複製（コピー）したり、当該複製建築物を譲渡により公衆に提供したり、販売目的で複製したり、当該複製物を販売したりしない限り、適法に利用できるとしています。したがって、有名な建築物の写真・動画をとり、当該写真・動画を単に投稿する行為は著作権侵害になりません。

有名な建築物は、商標法や不正競争防止法（不競法）という著作権法以外の法律でも保護される場合があります。例えば、スカイツリーの形状は商標登録されています。コメダ珈琲の店舗外観等について周知なブランドとして不競法による保護対象となるとした裁判例もあります。こうした他社のブランドというべき建築物を、自身の商品・サービスのブランド（出所表示）として使用すると、商標法・不競法違反の可能性がでてきます。もっとも、個人の日常を投稿するにあたり、旅行で訪れた有名な建築物の写真・動画を投稿することは、建築物を商品・サービスのブランドとして使用するものではないため、商標法・不競法違反の問題は生じません。

Q.13 海やプールでの撮影で、背景に他人が写っている写真や動画は投稿したらまずい？

　他人が写っている写真や動画をＳＮＳなどに投稿する行為について、肖像権（みだりに自己の容ぼうを撮影されず、自己の容ぼうを撮影された写真・動画を公表されない権利）侵害の問題が生じます。一般的に、プライベートな場所（例えば自宅）にいる他人をとらえた写真・動画を、無断で投稿すると、肖像権侵害になり易い一方で、公の場所（例えば公道）にいる他人をとらえた写真・動画の無断投稿は、肖像権侵害になり難いです。

　ただし、上記はあくまで一般論であり、他人が、水着姿であれば、公の場所であっても、通常、他人に公表されることを欲しないものであるため、肖像権を侵害する可能性が高く、水着姿をモザイク処理等してから投稿すべきです。他方、水着姿ではなく服を着て普通に海辺を歩いている他人が写真に写り込んだだけの場合は、肖像権侵害となる可能性は低いです。

Q.14 カフェやデパートで動画を撮影する際、バックで流れている音楽が入っていてもかまわない？

　原則として、著作権侵害になりません。例外的に、カフェが、ジャズ喫茶といった、音楽が主目的の店であり、音量も大きい場合、著作権侵害となり得ます。

　著作権法は、①メインの伝達物に付随して対象となる他人の著作物（音楽など）が、伝達物における軽微な構成部分に過ぎず、②他人の著作物が正当な範囲内で利用されており、③著作権者の利益を不当に害さない場合に、適法に他人の著作物を利用できるとしています。動画投稿の目的が、ＢＧＭを聞かせる目的ではなく、店舗紹介目的であり、この目的との関係で必要な限度でＢＧＭが入り込んでおり、ＢＧＭの音が小さかったり、音楽の一部が入り込んでいるに過ぎなかったりして、およそ音楽鑑賞の対象とはならない程度のものは、上記①ないし③の各要件を満たし、適法に利用できると考えます。

Q.15 音楽に合わせて歌詞をテキストで載せて動画を投稿してもOK？

　歌詞・楽曲は、著作権により保護され、音源は、著作隣接権により保護されていますので、無断利用はできません。多くの歌詞・楽曲は、JASRACなどの著作権管理団体が管理しているところ、JASRACは、LINE、Instagram、TikTok、ThreadsおよびYouTubeなどと包括的な利用許諾契約を締結し、これらのSNSにおける管理歌詞・楽曲の利用を許容しています。使用可能である管理歌詞・楽曲は、J-WINDというサイトで検索できます。もっとも、音源の著作隣接権は、JASRACが管理しておらず、通常、レコード会社が管理しているため、CDやダウンロードした音楽をそのまま使用することはできず、自分で演奏したり、演奏できる人の協力を得たりして音源を用意する必要があります。

　一方、JASRACは、X（旧Twitter）とは包括的な利用許諾契約を締結していません。Xで、JASRACが管理する歌詞・楽曲を利用するには、①JASRACに個別の利用申請をしたり、②YouTubeで投稿した動画のURLをXに貼り付けたりする必要があります。音源の使用についてレコード会社などからの許可が必要な点は、他のSNSと同様です。

Q.16 AIで作成した人物写真が、有名人に似ているけれど載せても大丈夫？

　他人が撮影した有名人の写真は著作物として保護されます。AIが機械学習の段階でこの写真に触れ、これと酷似した写真を生成した可能性があります。この場合、他人の著作権を侵害するおそれがあり、AIで作成した人物写真をそのまま載せることにはリスクがあります。しかし、AI生成写真を下書き程度に使用し、自ら編集・加工することでリスクを低減できます。

　ほかに、パブリシティ権の問題もあります。パブリシティ権とは、有名人の写真やイラストが持つ顧客を引き付ける力（顧客吸引力）を利用する権利のことを言い、有名人が持っているパブリシティ権を勝手に利用することはできません。AIで作成した人物写真が有名人に似ていて、その有名人の顧客吸引力を利用して広告などを行った場合は、パブリシティ権の侵害になる可能性があります。

Q.17 ゲームの画面をスクショして載せてもいい？

ゲーム画面のスクショを載せる行為は、原則、著作権侵害となります。例外的に、ゲームのあるシーンについてのコメントを書くにあたり、そのシーンをスクショして投稿することは、コメントとスクショのバランス等によっては、適法な引用として許される余地があります。著作権法は、公表された著作物について、公正な慣行に合致し、引用の目的上正当な範囲内で行う場合に限り、適法に引用できるとします。

ほかにも著作権侵害とならない場合があります。ゲームのコメント投稿をみた人が、ゲームがおもしろいと感じることで、ゲームを購入する場合があるため、多くのゲーム会社は、ガイドラインを定め、ガイドラインに従ってゲームの動画・静止画を利用することを認めています。例えば、任天堂は、「ネットワークサービスにおける任天堂の著作物の利用に関するガイドライン」を定めています。こうしたガイドラインに従って適法に利用できます。

Q.18 他人の投稿をスクショしてLINEで友だちに送ってもいい？

他人の投稿は、短い文章であれば、著作物にあたらないことが多いですが、何十文字もある場合は、著作物として、著作権法上、保護される可能性が高いです。そうではあるものの、著作物として保護される投稿のスクショを、4～5人の少数の友だちに送る行為は適法です。著作権法は、著作物の無断複製（コピー）を原則として禁止していますが、4～5人の友だちに送る場合、私的使用のための複製として例外的に適法に行うことができます。また、著作権法は、著作物を無断で公衆に送信する行為も禁止していますが、4～5人の友だちへの送信は、特定少数人への送信であり、「公衆」への送信にあたらず適法に行うことができます。他方、LINEで友だちに送る場合でも、数十人への送信となると、著作権侵害になると考えます。多くの友だちに、他人の投稿を知らせる場合、スクショではなくリンクを送るようにすることで著作権侵害を回避できます。

Q.19 著名人のサイン会で、一緒に撮影した写真を投稿してもいい?

　基本的に、著作権侵害にならず、肖像権（みだりに自己の容ぼうを撮影されず、自己の容ぼうを撮影された写真を公表されない権利、Q.13を参照）やパブリシティ権（有名人の肖像が持つ顧客吸引力を排他的に利用する権利、Q.16を参照）の侵害にもならず、適法に投稿できる場合が多いです。

　パブリシティ権侵害が特に問題となりますが、パブリシティ権侵害が成立するのは、有名人の写真を商品等の広告として使用するなど、専ら顧客吸引力の利用を目的とする場合に限られています。飲食店に著名人が来店した写真を店内に飾る行為は、来店事実を示すものに過ぎず、パブリシティ権侵害にならないところ、単にサイン会で著名人に会った事実を示すために、ツーショット写真を投稿するに過ぎない場合も、パブリシティ権侵害にはならないと考えます。

Q.20 ブランドのロゴが入っている商品を載せてSNSに投稿しても大丈夫?

　ブランドロゴは、著作権法ではなく、商標法により保護されるべきものであり、基本的に、著作物として著作権法により保護されるものでありません。したがって、他人のブランドロゴを無断で利用する行為が、著作権侵害となることは基本的にありません。他人のブランドロゴの使用については、商標権侵害が主として問題になります。ブランドロゴが入っている商品が、真正品（本物）であれば、SNSへの投稿によって、ブランドロゴにかかる商標権の持つ機能（出所表示機能・品質保証機能）が害されることは想定し難いため、基本的に当該商品の掲載を適法に行うことができます。他方、ブランドロゴが入っている商品が、偽造品（偽物）の場合、SNSへの投稿により、ブランドロゴにかかる商標権の持つ機能が害されるおそれがあり、商標権侵害となる可能性があります。正規店から購入した真正品を使ってSNSへの投稿を行うことで、リスクを回避できます。

山本特許法律事務所　東京オフィスパートナー
弁護士
三坂　和也（みさか　かずや）

2007年早稲田大学法学部卒業、2010年早稲田大学法科大学院卒業、同年司法試験合格。2011年弁護士登録。2020年カリフォルニア大学バークレー校ロースクール卒業（LL.M.）。大手製薬企業の企業内弁護士兼知的財産部員として、海外の企業との大規模な契約、医薬品医療機器等法の規制対応、特許訴訟、知財戦略などを担当し、2017年に山本特許法律事務所に入所。山本特許法律事務所に入所後は、大企業の契約案件や知財紛争を対応する弁護士として従事。2019年から2年間の米国留学を経て、2021年10月に山本特許法律事務所のパートナー弁護士として東京オフィスを立ち上げる。現在は主にIT業界やEC業界の企業を中心に、著作権、商標、特許に関する知財戦略の相談や紛争対応、契約書作成、M&Aまで、幅広く対応している。

山本特許法律事務所
弁護士
井髙　将斗（いだか　まさと）

2005年同志社大学商学部卒業、2009年神戸学院大学法科大学院卒業、2011年司法試験合格。2013年弁護士登録。
同年に山本特許法律事務所に入所。入所後は、国内外の企業の知財権の取得や知財紛争を対応する弁護士として従事。2018年より日本商標協会・関西支部幹事。著作権、商標、意匠、不正競争防止法の相談や紛争対応、契約書作成に関わるほか、著作権・商標等の申請・出願から権利行使まで、幅広く対応している。特に、商標と著作権を専門とし、商標・著作権チームをリーダーとして牽引している。

用語索引

■LINE

■Instagram

309

目的別索引

■Instagram

■Threads

※本書は2024年2月現在の情報に基づいて執筆されたものです。
　本書で紹介しているサービスの内容は、告知なく変更になる場合があります。あらかじめご了承ください。

■執筆：
専門家に聞く SNSを使うなら知っておきたい著作権のQ&A
三坂　和也
井髙　将斗
■カバーデザイン・イラスト
高橋　康明

最新 LINE & Instagram & X & TikTok & Threads ゼロからやさしくわかる本

発行日	2024年 3月11日	第1版第1刷

著　者　桑名　由美

発行者　斉藤　和邦
発行所　株式会社　秀和システム
　　　　〒135-0016
　　　　東京都江東区東陽2-4-2　新宮ビル2F
　　　　Tel 03-6264-3105（販売）　　Fax 03-6264-3094
印刷所　株式会社 シナノ　　　　　Printed in Japan

ISBN978-4-7980-7190-9 C3055